用数字测量市场对专利的认知

——原理、图表和实际应用

Measuring Market Players'
Recognition of Patents

吴欣望　朱全涛◎著

社会科学文献出版社
SOCIAL SCIENCES ACADEMIC PRESS (CHINA)

创新市场理论后续研究之二

Follow – up Work 2 of Innovation Market Theory

本书写作受教育部人文社会科学青年基金项目资助

（编号：13YJC630182）

中文摘要

　　本书首先指出专利技术本身所具备的效能特征是决定市场对专利技术的态度的关键因素，这是因为一项专利技术的经济价值最终取决于它给技术使用者或消费者带来的各种便利程度的大小或该项专利的效能大小。同时指出，尽管专利文献中包含描述专利效能的字段，但在当前的技术交易决策、专利转化决策等活动中，专利文献中描述专利效能的信息并没有被充分利用。要充分利用专利效能信息，就必须引入定量分析，即必须对专利的功能和效果进行大小程度上的评估。现代科学的一大特色就是定量分析方法的广泛使用，引入定量分析，可以使专利文献分析具有更多的科学色彩和更广泛的应用领域。其次，介绍了国内外学术界和实务界对专利效能信息进行利用的现状，包括对专利文献中专利效能字段的识别、提取、分析方法和应用领域，指出了现有分析方法如专利技术矩阵图的局限性，论证了对专利效能信息进行更加具体的量化分析和构建可视化地图分析工具的必要性。再次，从经济学理论上考察专利效能特征对消费者效用函数、企业需求曲线、生产函数、企业研发项目筛选和企业间竞争关系的影响，并构建了一个基于专利效能信息的企业技术选择模型。这为将本书所构建的专利效能地图的量化分析方法应用于具体经济决策奠定了理论基础。最后，设计了多种分析专利效能信息的可视化图表和工具，并介绍了上述各种专利效能信息分析方法和工具如何在专利价值评估、企业战略管理、企业竞争策略、研发活动、并购决策、技术交易和运营、风险投资项目筛选和风险企业动态管理中进行应用。

ABSTRACT

The economic value of a patented technology is ultimately determined by the convenience brought by the patented technology to its users or consumers. The convenience, described by the term function and effectiveness, is measurable in some degree. The quantitative analysis of patents'function and effectiveness is to make patent literature play more active roles in lots of decision situations, such as technology trade, R&D project management and technology-based financing. This book first introduces how to collect the information on patents' function and effectiveness and how to measure it. Then a mathematical model is constructed to show how enterprises choose technologies based on patent information, especially the quantitative information on patents' function and effectiveness. This model also synthetically considers the influence of patents' function and effectiveness on consumers' utility, market demand, production cost and interaction with competitors. Next, various visualization tools incorporating quantitative information on patents' function and effectiveness are introduced. With examples, these tools are shown how to be used. Among these tools is there a new type of patent map, which is depicted by measuring patents' function and effectiveness with continuous numbers. Finally, it is demonstrated how to make use of the quantitative information on patents' function and effectiveness in some practical decision situations, such as patent valuation, firms' strategic management, R&D management and merger & acquisition decisions. The application of this quantitative information to technology trade, patent operation and venture investment decisions is also explored.

目　　录

CONTENT

图目录

表目录

自　序

　　一项专利是否有用，最终取决于它给消费者带来的便利程度的大小，或者说，取决于该项专利的效能。不管是进行技术交易决策，还是进行专利转化决策，都离不开对专利效能的判断。尽管如此，专利文献中描述技术效能的词汇仅得到了非常有限的利用。通常被专利信息分析者提到的工具似乎只有专利功效矩阵，而专利功效矩阵的应用领域也非常有限。

　　在笔者看来，制约效能信息得以广泛运用的关键因素是目前对效能信息的分析范式仍局限于定性分析。例如，在专利功效矩阵中，集中关注某专利是否具有某种功效。如果具有某功效，则取值为1，否则取值为0。这种分析本质上不是真正的定量分析。定量分析意味着，必须对某种功能的效果进行大小程度上的评估。即便两件专利具有同样一种功能，但在效果上往往存在量上的差别。例如，同样能使产品寿命延长的两件专利，能延长5年的就比仅延长1年的更能让消费者满意。这种量上的差别，直接表现为技术上的效果或物理功能，如每小时可节省若干度电。间接地，则表现为消费者的效用增加。

　　引入定量分析，可能会推动专利文献的效能分析发生一场飞跃，使之从而具有更浓厚的科学色彩和更广泛的应用领域。现代科学的一大特色就是定量分析方法的广泛使用，在各类经济决策中，都离不开数量上的权衡。如果不对效能进行量级上的分析，就无法在经济决策中真正考虑到专利技术的物理功能的经济内涵。由此导致诸多不理性的经济决策。

　　基于上述认识，笔者认为，有必要对专利文献中体现专利技术效能的信息进行进一步的深度分析。

之所以会产生这一看法，与笔者长期从事经济学专业的教学和科研有关。经济学中的各种最优化决策都是建立在数量分析的基础上的。此外，对这一问题的关注，还与全球经济学教学中面临的一个共同困境有关。当今全世界大学里经济学专业的学生所学习的微观经济学课程所普遍关注的问题是，在假定市场需求、生产技术、成本函数和市场结构既定的条件下，企业这一微观经济主体如何确定最优产量使利润达到最高。但是，在技术不断变化的现实世界中，有一个决策比确定最优产量更重要，那就是采用什么技术。

在企业采用不同技术之后，它所面对的市场需求、生产工艺和成本函数、市场势力通常都会发生变化。于是，企业面临的问题是"如何选择最优技术"。管理者们为此发展出一些项目或技术评估方法，来判断是否应该采用某项技术或优先采用哪些技术。一个更深入的问题是，从哪里获取潜在的技术呢？企业内部的研发人员灵感涌现时会设计出新技术，同行企业推出新产品时跟风生产，或听从某个技术专家的个人建议，都是企业获取潜在可用的技术信息的渠道。但是，如果仅仅凭借这些偶然性的渠道来获取潜在的技术信息，企业的技术选择范围就太狭窄了。

实际上，可以将企业面临的技术选择决策概括为：在潜在可以获得的技术集合中，选择一个或若干个技术来实施，以此实现利润最大化。这一决策又进一步包含两个问题。第一个问题是"如何确定可以获得的潜在技术的信息"。如果只是借助偶然性的渠道来获得零星的潜在技术信息，那么，企业的选择范围会非常狭窄。事实上，可供企业选择的潜在技术种类越多，就越可能选择出更理想的技术来实施，并由此获取更大利润。在资本预算既定的条件下，技术选择空间扩大对决策者是有利的。正如同一个持有100元去购买食物的消费者，如果100元能够买得起的各种食物的组合个数越多，消费者的选择空间越大，就越可能提高消费者的福利。

专利文献库提供了一个非常宽阔且几乎免费的技术选择空间。相对那些仅仅借助偶然性渠道来获得潜在技术信息的企业而言，善于利用专利文献库的企业面临更广阔的技术选择空间，从而站在更高的起点上。

　　企业选择技术时面临的第二个问题是，如何从专利文献所记录的诸多专利中选择理想的技术，这涉及对专利记录的解读。对专利情报的分析似乎正在发展成一门专门的学问，被称为"patinformatics"。这从一个侧面说明这个年代的人们越来越善于利用各类信息作更理性的决策了。

　　笔者认为，在从专利文献中选择和评价技术时，专利自身具备的效能特征是关键性的特征。这一特征说明某个特定专利在哪些方面具有特殊的作用或效果。通常认为，专利具有法律特征、技术特征和经济特征。如果某项专利在法律上权利非常稳定、权利要求范围非常大，或者技术设计非常前沿，但与市场上已经被使用的技术相比，在改进生产工艺或提高消费者满足程度方面并无优势，那么，该专利就不会被采用。在评估该专利的价值时几乎可以取零。专利自身具备的效能是其经济特征的核心。

　　在企业使用具有不同效能特征的技术后，它面临的市场需求、生产工艺或成本和所处市场的结构等都会发生变化。例如，如果产品更受消费者喜爱，那么市场需求会增加；如果生产工艺更省时间，那么成本会下降；如果在某些性能上能够超过竞争对手的产品，那么会分流走其他企业的消费者，增强自身市场势力，而竞争对手在技术效能上的改进则会给企业带来压力。因此，企业的利润最大化决策会受到自身及其竞争对手的产品效能变化的影响；相反，如果企业采用了一项在技术特征上不同的技术，但在效能上和原来的技术并无差别，那么，企业面临的市场需求、生产成本和市场结构均不会发生变化。可以说，进行了技术意义上的创新，但没有进行经济意义上的创新。企业在进行研发决策时，应该关注技术成果可能具备哪些特殊的效能。否则，可能会开发出一些技术意义上不同但并无经济价值的技术。

　　可见，从理论上讲，采用具有不同效能的技术会影响到企业决策的方方面面。但在实际决策中专利文献中的效能信息却没有得到足够的重视和应用。这似乎是一个矛盾，也是本书要尝试解决的问题。本书尝试寻找和设计利用专利文献中的效能信息的思路和方法。

　　为实务者们设计具体的方法，似乎并不是经济学者的长项。当今经济学者更倾向于分析和评价，而不是设计具体的应用导向的方法。笔者选择从事这一研究，主要是出于好奇心，想看看专利效能信息究竟能够在经济世界里发挥怎样的作用。专利研究领域本身具有多学科交叉的特点，管理学、经济学、法学和情报学等多门学科从不同角度对这一领域给予关注。而本书关注的议题——专利文献中效能信息的利用——看起来更像是管理学和情报学的研究议题。用经济学方法来研究这一议题，使本书具有学科交叉特点。如果将专利领域比喻成一座山，那么，不同学科的人是站在不同的角度看这座山的。而笔者在原来的角度看腻了，偏偏要走大老远的路，到别人站的地方去看这座山。虽然可能会收获"横看成岭侧成峰，远近高低各不同"的趣味，但也可能扫兴而归。

本书研究的议题具有明显的实用导向特征。学术界人士受到各自所学专业的长期熏染，习惯从各自专业的视角、逻辑起点和推理方法来看待问题。大部分经济学者的研究工作是在分析某种经济现象后，给出评价和建议。即便是研究同样的问题，不同经济学者的出发点、方法和结论却常常很不一样，并且相互之间很难说服对方，这削弱了经济学研究的实用性。本书围绕如何有效利用专利文献中的效能信息做决策这一实际问题来写作，与传统的经济学研究相比，具有突出的实用特征。这也要求在本书写作中，突破自己的学科界限，注重从不同学科吸收借鉴，使研究工作贴近实际需求。

这一研究是笔者前些年工作的延续。2012 年，在中国共产党的十八大召开之前，在《创新市场与国家兴衰》一书中，笔者构建了解释典型国家历史上经济兴衰的"创新市场理论"。该理论认为，为了让一个国家的经济在中长期内实现相对高速的增长，该国政府的经济职能主要体现在调整"创新市场"（即具有商业价值的新技术、新构思进行交易的场所）的市场结构上。具体而言，就是要使得创新市场更加具有"竞争性"。这里的竞争性，和微观经济学教科书中界定任何一个市场的竞争性是相同的。所谓"让创新市场更加具有竞争性"，就是要让更多的人有能力进入创新市场，成为独立做决策的买方或卖方。这通常也意味着信息障碍和交易成本等妨碍交易的问题得到缓解，从而吸引更多的个体进入创新市场。

　　此后几年里，笔者从宏观和微观两个层面对"创新市场理论"进行了拓展研究。从宏观层面，以推动创新市场更具竞争性为出发点，围绕如何进行科研奖励制度改革、国有科研机构改革、高等教育改革等问题撰写过一些文章；从微观层面，则集中考察专利市场的运行。2015 年，笔者重新撰写一本专利经济学专著，试图在历史研究和理论研究相结合的基础上，构建起分析专利市场运行效率的研究框架。该书具有很强的理论研究特点，提供了新的视角来看待专利市场。不过，在市场中摸爬滚打的实务界人士需要的却是更具实用性的研究。

　　实务界同行感兴趣的问题是专利市场上参与各类交易的供给方和需求方如何实现高效的对接。例如，创新型企业如何准确锁定目标客户并使其专利技术以理想价格被客户接受和购买，风险投资者如何对持有专利技术的企业迅速地做出准确判断和投资决策，专利技术的买卖方如何快速达成共赢的转让或许可交易，各类中介机构或运营平台如何高效撮合和实现交易，等等。这些问题也正是专利市场运行过程中的关键问题。对这些问题的认识，都离不开对一个个技术的市场前景做出评价。而某个技术的市场前景则取决于该技术能从哪些方面提高使用者的便利程度和最终消费者的满足程度。这意味着，技术是如何迎合使用者和消费者的，是判断特定专利技术的市场前景的关键。于是，专利文献中体现专利技术效能的词汇便成了关键的信息。如果要提高专利市场上各类交易者的决策效率以及专利市场自身的运行效率，就必须尝试挖掘效能词汇的用途。这就是本书的写作动机。

导　读

　　决定一项专利技术的经济价值的一大关键因素是其具备的效能大小。效能（function and effectiveness）指专利能够发挥哪些方面的作用和从哪些方面给人们带来满足感。它与传统意义上的专利功效的区别在于，它是从专利技术的使用者和专利产品的消费者的角度来看待专利技术所具备的独特功能的，并且侧重对效能进行测量而不是简单判断是"具备"还是"不具备"某项功能。在笔者接触到的现有专利信息分析方法中，对效能信息的利用并不充分。唯一与效能分析有部分重叠的就是对专利的功效（function）分析。所谓"重叠"，是指专利技术的使用者和专利产品的消费者对专利技术的感受和评价离不开其物理功效，如某个新材料能够"降低机器运转时产生的热量"，会导致机器使用寿命延长或更安全。到目前为止，与效能分析有所重叠的功效分析的出发点是判断一项专利是否具有某种功效（通常是物理意义上而非经济意义上的），在此基础上进行分析。常见的是分别以一些专利的技术特征和功效特征为纵列和横行，计算分别有多少个专利落在同时具备某个具有特定的技术特征和功效特征的位置上。

　　这种建立在简单计数基础上的分析的应用范围受到了限制。事实上，不仅要关注某个专利是否具有某种功效，而且应该从专利技术的使用者和专利产品的消费者的角度来关注效能在量上的大小。这意味着两层意思：第一层意思是，需要从专利技术的使用者和专利产品的消费者的角度来评价专利的功效，从而得到关于专利效能的信息；第二层意思是，效能更应该被当作连续变量而不是 0~1 变量来处理。打个比喻，少量摄入某种药物可以治病，过量摄入会加重病情，摄入非常大的量甚至有可能致命。对一个本身可以具备"量"的属性的事物而言，仅仅考察是否具备某种属性，而不进行量上的考察，会导致对该事物的认识停留在表面，甚至对决策产生不利影响。

在看待专利效能时，本书侧重从量的角度理解特定专利对各类决策的影响。这是与传统的技术功效矩阵分析的不同之处。本书不仅仅关注某个专利是否具备某个功效，更重要的是，关注该功效"能"在多大程度上满足技术使用者和最终消费者的需要。正因为如此，笔者称之为"效能"而非"功效"。所谓效能，包含两个含义，一是"效用"或"效果"（effectiveness），指是否具有某种功效、能否产生效果和带来便利或满足；二是"功能"（function），指能产生多大的效用。两者结合称为"效能"（function and effectiveness）。

接下来，简要介绍本书的结构、各章要点、创新点和不足之处。在结构上，本书分为选题论证、理论分析、工具设计和应用研究四大部分。其中，选题论证对应第一章，理论分析对应第二章，工具设计对应第三章和第四章，应用研究对应第五章至第八章。下图展示了本书的结构。

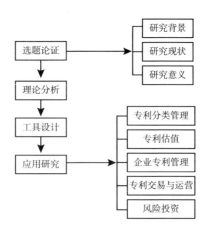

第一章对研究背景、研究现状和研究意义进行了阐释。

首先是研究背景。对专利信息进行有效利用，是让创新主体更好地了解其所处的技术、经济和法律环境，减小信息不完全和不确定性导致的负面影响的一项重要举措。为了更好地满足企业和院校等单位的需要，仍然需要构建新的信息分析方法和分析工具。现有的专利地图等分析工具没有充分体现专利的市场属性的变量，从而使专利文献在经济和管理决策中的运用受到了限制。客户之所以认同一项新技术或产品，必定是因为该技术或产品具有某种更好的功能，能够增进客户的效用或收益。虽然反映这些功能的字段属于非结构化数据，并没有统一的格式，但是仍然可以从专利文献中借助计算机或人工手段来直接或间接地获得描述效能的词语。专利文献中包含关于所有被授权专利的功效的信息，这些功效信息构成了下一步进行效能分析的基础。专利文献之所以包含关于所有被授权专利的功效的信息，是因为专利法通常要求专利必须具备实用性特征并且能产生积极效果。"积极效果"的意思是实施该专利能够收到某些技术意义上的良性效果。专利文献中，技术说明书的四大组成部分（技术领域、背景技术、发明创造内容和实施例）均有助于确定目标专利的效能。

其次是研究现状。TRIZ 理论很早就提倡通过对现有技术进行功效分析，来寻找新的研究方案。后来的研究主要分为两大方向。一个研究方向是设计研究工具。专利技术功效矩阵是一种对专利的技术效果进行分析的传统工具。该工具主要统计具有某种特定功能的专利的个数，也就是建立在判断特定专利"有"或者"没有"某种功能的基础上。在技术功效分析的基础上，还衍生出了地形图和鱼骨图这些可视化的分析工具。不过，由于建立在简单的 0~1 计数的基础上，这些工具本质上并不是真正的量化分析，应用范围和效果均受到限制。另一个研究方向是研究如何从文献中识别出专利具有的功效，包括如何提炼出揭示专利功能的提示性词语和 FBS 方法等。

最后是研究意义。目前对专利功效的分析本质上并不是真正的定量分析。定量分析意味着必须对某种功能的效果进行大小程度上的评估。即便两件专利具有同样一种功能，但在效果上往往存在量上的差别。例如，同样能使产品寿命延长的两件专利，在其他方面相同的条件下，能延长三年的就比仅延长两年的更能让消费者感到满意。这种量上的差别，直接表现为技术上的效果或物理功能，如每生产一个单位产品可以节省多少原材料。间接地，则表现为消费者的效用增加。引入定量分析，可能会有助于专利文献的效能分析发生一场飞跃，从而具有更多的科学色彩和更广泛的应用领域。现代科学的一大特色就是定量分析方法的广泛使用。而且，在各类经济决策中，都离不开数量上的权衡。如果不对效能进行量上的分析，就无法在经济决策中真正考虑到专利技术的物理功能的经济内涵，由此导致诸多不够理性的经济决策。对效能进行度量，是将对专利的技术分析转化为经济分析不可绕过的环节。本章最后在传统的技术功效矩阵中引入了效能分析，得出了与传统结论不同的研发建议，说明将技术功效进行量化后，有助于改进决策。而传统的功效矩阵把微小功效和重大功效同等处理，容易夸大或低估绕过技术壁垒的难度。与传统的功效分析相比，效能分析对分析者的素质要求更高。进行效能分析时，分析者不仅需要具有良好的技术背景，能够对物理效果做出相对准确的判断，而且还要善于从技术使用者或消费者的角度来对特定效能做出经济上的判断。单个人很难同时具备这些不同的素质，因此，高质量的效能分析得由一个具有多学科背景的团队来承担。这样，才能将市场认知摆在专利分析的中心位置。

第二章在考察新技术的效能特征对效用函数、需求曲线、生产函数、企业研发项目筛选和企业间竞争关系的影响的基础上，构建了一个考虑效能信息的企业技术选择模型。

首先，考察效能特征对效用函数和需求曲线的影响。由于使用具有更佳效能的技术能够给消费者带来更大的满足，因此，消费者对使用具备更佳效能的技术生产的产品的支付意愿会增加，导致需求曲线处于更高的位置。在此基础上，该章构建了考虑产品或技术的效能特征的效用函数。

其次，考察一个企业的竞争者所采用的新技术或新产品的效能对其产生的影响。一个企业推出的新产品越具备效能上的优势，就越能吸引消费者，对其他企业造成的冲击就越大。因此，在考察企业的利润最大化决策时，需要将竞争者所使用的技术的效能特征也考虑进来。此外，本章还讨论了那些并没有被企业投入生产的防御性专利的价值评估的经济学依据，论证了其价值源于减少了垄断竞争市场结构下其他企业生产的产品对拥有防御性专利企业的产品的替代性。

再次，考察企业如何借助效能特征来筛选研发项目。在进行研发决策时，管理者需要对效能提升带来的收益和为获取这些效能付出的代价进行权衡。效能提升带来的收益主要体现为需求曲线的变动。不过，天下没有免费的午餐，为了使产品效能得到提升，不仅需要对生产工艺进行调整（这意味着企业的生产函数进而成本函数都会发生变化），而且还需要在投入生产前付出一些研发费用。这些都是为获得效能上的改进而付出的代价。只有当为提升效能进行的研发收益超过研发投入时，研发项目才是划算的。当在多个潜在的研发项目中进行选择时，选择净收益最大的。

最后，构建一个考虑效能信息的企业技术选择模型。该模型把技术选择摆在了企业决策的核心地位。传统微观经济学教科书中的最优产量选择沦为附属的、次要的问题，这是因为一旦技术确定下来，最优产量就自然可以确定下来了。该决策模型有助于同时考虑技术的效能特征对企业的收益、成本和市场的影响，从而有助于实际决策。特别是，随着大数据时代的来临，当人们可以方便地获得丰富的数据并拥有轻松处理庞大数据的能力时，这一决策框架有助于使针对新技术构思的筛选和评价等决策问题变得既精确又简单，大幅度提高技术创新过程自身的效率。

第三章讨论将效能信息引入多种图形分析工具中的方法和示例。

该章指出几乎在每一种被用于专利分析的可视化分析工具中，都可以引入专利效能信息。从统计学上讲，能够有多少种绘图方法，就几乎会有多少种引入效能信息的地图。引入效能信息有助于让决策更加方便或合理。该章展示了在专利功效图、鱼骨图、聚类图等多种工具中引入效能分析的过程。并指出，当前包括德温特专利功效分布图在内的专利地图本质上依然基于 0~1 赋值，这使得这些分析工具在用途上受到限制。并指出改进的方向就是对功效进行测量，并用测量出来的具有连续特征的效能值替代过于粗略的 0~1 赋值，然后，在此基础上进行绘图和分析。该章介绍这种建立在多重赋值基础上的专利地形图的构建思路、方法和案例，并利用 STATA 绘图软件对 LK 公司进行了案例分析以及指出对该地形图的未来完善方向，供国内外专利信息系统供应商参考。

第四章介绍如何将专利引证信息和效能信息结合起来，用于解决实际问题。

该章首先简要介绍专利引证的主要动机、引证信息的应用领域和分析软件，并介绍了关键引证路径等分析工具。其次论证可以借助 TRIZ 理论中描述专利效能的 S 曲线来优化研发方向。在技术演进的历程中，产品在各方面的效能整体趋势是在提升的，但不同的效能在提升的进程上步调并不一致。企业应该将较多的研发资源投向那些效能正处于大幅度提升阶段的研发领域。为此，需要确定本行业各效能所处的阶段。本章论证了如何借助专利引证信息来提高绘制 S 形效能曲线的效率。再次指出高被引专利未必就是高经济价值的核心专利，只有既不能够被其他人绕过又能够留有广阔空间供后来人对其进行功能拓展或提供互补性的支撑技术的专利，才会在社会对技术进行筛选的过程中成长为真正的核心技术，以及那些对前人的专利在效能上进行重大改进的专利也可以成为核心专利。这实际上为筛选高经济价值的核心专利提供了一套筛选标准，即通过判断目标专利自身在效能上提升的幅度，以及通过判断它本身还留有多大的效能拓展方向，就可以判断该专利是否具有成为核心专利的潜质。最后讨论引证分析和效能分析在不成熟技术的后续研发和孵化中的综合运用。重大技术诞生初期往往是不成熟的，需要一系列后续研发才可能被市场广泛接受。后续研发的方向无非是针对产品的组件和生产的各个环节来进行改良，提升产品的某些效能。当某项后续专利能够使产品效能得到非常大的改进时，才会具备与基础性专利进行交叉许可的资格。当风险投资者选择被投资对象时，或者定位于新产业培育的孵化器选择优质的被孵企业时，都应该对目标企业的专利规划进行解读，以此来判断目标企业在技术效能的定位上是否符合经济社会的需求和是否采取了有效措施来推进企业朝既定方向发展。

第五章介绍如何利用专利效能信息来提高专利价值评估的可靠性。

首先介绍和评析单项比较法、行业比较法、评级法、贴现现金流法、25% 规则、蒙特卡洛法、实物期权法等专利价值评估方法。其次分别讨论如何在这些方法中引入专利效能信息以提高专利估值的可靠性的思路和方法。并讨论如何借助效能信息对专利组合中的基础专利和改良专利进行分别估值的思路。最后介绍欧洲专利局提供的免费专利估值软件 IPscore 的估值原理，指出了将专利效能信息引入该估值软件中的思路，并提供了示例。

第六章考察专利效能信息在企业管理中的应用。

首先考察在企业战略管理中的运用。一是指出可以利用专利信息尤其是效能信息客观判断波特五力模型中影响企业竞争战略制定的五种力量的大小。由于多数企业在推出产品之前会申请专利，从而使专利文献能够比现实生活中发生的市场进入行为提前反映出市场力量对比的变化，所以，专利文献中的各类信息尤其是效能信息，有助于明确供应商、客户、潜在同行业竞争者、现有同行业竞争者和行业外替代者这五种力量的竞争能力，为五力分析模型提供相对可靠的现实依据，并使分析具有一定的前瞻性。在根据专利文献比较客观地了解了这五种力量的竞争能力后，企业便可采用相应步骤去增强自身在采购和销售环节的谈判力量，以及选择具有杰出创新能力的供应商合作，为自己赢得竞争优势。二是指出波特提出的三种战略即成本领先战略、差异化战略和聚焦战略也均与专利的效能特征密切相关。对实施成本领先战略的企业而言，研发的兴趣点并不在于改进产品性能，而是寻找能够尽可能降低成本的技术。这意味着，在检索专利文献时，关注那些能够减少所投入的原材料、人力、能源消耗或者简化生产流程、缩短周转时间的专利技术。差异化战略意味着通过向客户提供与竞争者产品不同的独特产品，获取溢价。在确定产品的特色时，企业可以对本行业内各企业的专利技术在效能上的特征进行摸底，弄清楚效能体现在哪些方面，如安全性好、更环保、操作方便、降低磨损、结构紧凑、密封性好、热效率高、装卸方便、耐腐蚀、精度高、寿命长、稳定可靠、成本或价格低，等等，即弄清楚产品的效能体现在哪些维度。然后，考虑自己在某一个或某几个维度（如寿命更长和更环保）进行突破，拉大自己与竞争者在这些维度上的差异所需付出的各类成本和收益。在此基础上，选择能给自己带来最大收益的差异化突破口。

实施聚焦战略则意味着企业需要同时关注自己出售的产品和自己采用的投入要素及生产工艺的效能。一方面，企业要关注自己出售的产品及其替代品的效能，明确自己从哪些效能维度去迎合自己锁定的那部分消费群体；另一方面，企业需要关注自己采用的投入要素及生产工艺的效能，尽可能搜寻到能够以最低成本实现特定效能的技术。三是蓝海战略强调通过不断的价值元素重组创新来超越现有的行业边界，拓展出新的市场空间。在利用专利文献中的效能信息制定蓝海战略时，通过检索不同行业的专利文献，挖掘出其中的价值元素或效能信息，对其进行重组，有助于推动跨行业的创新。

其次，该章分析专利信息特别是效能信息在企业竞争对手的识别、分类和竞争策略中发挥的作用。在寻找竞争者时，存在共引或被引关系的专利权企业之间可能会存在竞争关系，还可以基于专利文献的相似度分析来寻找竞争对手。在找到竞争者后，还需要对它们进行分类，以便分而治之。书中构建了一种基于专利效能的竞争者分类方法。所分析的对象均为与目标企业存在共引关系或被引关系的企业。横坐标代表所考察企业的专利对消费者满意程度的影响，纵坐标代表所考察企业的专利对生产工艺特别是生产成本的影响程度。根据这两个维度，可以将竞争者分为全面型竞争者、成本降低型竞争者、差异化竞争者和次要竞争者。对于打算成为行业领导者的企业而言，有必要采用全面竞争的策略，不仅要继续发扬原本就具有优势的效能，而且还要善于取长补短，有针对性地从竞争对手那里赢得一部分客户，鲸吞蚕食，步步为营。相反，打算偏安一隅的企业则适合采取向市场深度渗透的纵深化战略，借助具有独特功效的技术和特色产品来实现差异化的市场定位，防范来自行业领导者的强势进攻。

再次，该章介绍专利效能信息在企业研发中的应用。近些年来，全球专利引证时间整体上有缩短的趋势。这意味着，研发者更加密切地跟踪竞争对手，随机性甚至重复性的盲目研发行为少了，针对性的、互动式的研发行为多了。而这一切均建立在对专利文献的紧密跟踪和分析上。在研发活动中，专利文献中反映技术特征和权利特征的信息已经得到比较多的重视。但是，要让研发面向市场，离不开对专利效能特征的分析。利用效能信息，不仅有助于在绕过性研发活动中做出更理性的决策，也有助于在改良性研发活动中做出更理性的决策。在绕过性研发活动中，如果两种替代性研发方案均能实现原专利的基本技术功能，但在效能上存在差异。在研发资源有限的约束下，只能选择其中能带来更大利润的方案进行研发。因此，就需要对两种方案的技术特征进行效能上的比较分析，并将这种效能分析转化为经济分析，选择能带来更多利润的替代性研发方案。类似地，在改良性研发活动中，在研发资源、生产资源或营销资源有限的条件下，追求利润最大化的企业需要在多种改进方案中选取其中之一。此时，企业同样可以通过进行经济效果和物理效果上的比较来进行取舍，选择出经济效果更佳的技术方案进行研发，并可以就该方案中的创新点申请到外围专利。外围专利在经济效果上的优劣会直接影响到企业在进行交叉许可谈判时的谈判实力。如果外围专利能够取得非常显著的技术效果和经济效果，那么，核心专利的拥有者就很可能愿意通过交叉许可的方式，和外围专利的拥有者共同实施和使用这些专利。利用专利效能信息，可以降低修筑外围专利保护网的成本。原因在于，借助对专利的效能分析，可以对众多替换方案和改进方案进行技术效果和经济效果上的比较，仅仅选择那些技术效果和经济效果最显著的方案，就可以做到以有限的专利个数构建起有足够防御效果的保护网。既然技术效果和经济效果好的外围专利都被包括在保护网中了，那么，剩下的就是效果不佳、不构成实质性竞争的潜在专利。对拥有保护网的企业而言，不构成实质性的威胁。

最后，该章列举专利信息特别是专利效能信息在企业并购决策中的若干应用。在现实生活中，从专利文献看，一些企业的专利数量和专利质量指标都表现得不错，但是，经营业绩却不如在这些指标上逊于自己的同行企业。这意味着这些企业在某些经营能力如市场开拓能力上有短板。这些专利的潜在价值没有得到充分实现的公司是理想的被并购对象。在今天，很容易查阅到一家企业及其主要竞争者的专利数量及质量信息，也不难查到一些股份公司的业绩信息。因此，通过专利排名和业绩排名的不匹配发掘潜在的并购对象成为越来越可行的事情；一些打算出售企业的人，为了将企业卖出一个好价钱，不如查阅一些专利文献，看看本行业内哪些企业技术能力强且规模并不大，从中找出生产设备与自己最接近的一个或若干个企业，向其发出出售企业的邀请；当企业打算为了节省采购组件的交易成本而并购上游供应商时，可以借助专利信息挑选那些创新能力最符合自己期待的企业作为潜在并购对象；对一个想获取互补性专利的企业而言，如果专利文献显示大量互补性专利被某个企业拥有，而该企业原来的所有者似乎又打算退出所处行业时，就可以考虑采用整体并购而非许可或转让的方式来获取专利；为了获取范围经济，企业既可以借助专利文献在技术特征上的相似度来搜寻那些可以共享技术、设备或组件的技术或产品，从中选择合适技术或产品进行多元化生产，也可以选择那些在目标客户群或效能上与现有产品有部分重叠的产品来生产；专利信息还有助于为并购后采取的整合策略提供相对依据，如果被兼并对象在专利文献中所体现出来的技术特征、效能特征和市场定位与自己大致相同，或者兼并的主要目的就是获取生产上的规模经济，这意味着新企业今后要通过下调价格来扩大市场份额。在营销策略上，需要让消费者相信自身能够以低成本提供优良品质的产品；如果被兼并对象在技术特征、效能特征和市场定位上与自己差别显著，那么，兼并的主要目的就是实现产品多样化，或满足更多类型的社会需求，这意味着兼并后的企业需要调整自己在消费者中的定位。

第七章探讨专利效能信息在专利交易和运营中的运用。

就专利交易而言，在锁定交易主体、明确交易对象和设计交易合同三个环节，专利效能信息都能发挥作用。首先，在锁定专利交易中的交易主体时，当某个专利卖方委托交易平台帮助出售专利时，常见的做法是借助专利引证信息找到对目标专利感兴趣的潜在买主，然后再借助专利效能信息，从潜在买主中找到其市场定位与目标专利的效能特征相吻合的客户，这些客户成为值得交易平台进一步追踪的重点交易对象；其次，专利效能分析有助于对专利进行筛选和组合以便增强可售性。具有多个方面的效能的专利组合在吸引力上大于单个专利。通过一次性购买来拥有多方面的效能，减少了购买者的搜寻成本、谈判成本等各类交易成本；最后，在设计合同时，对交易撮合机构而言，关键的工作是如何说服交易双方接受合同所列的条款，这离不开对专利效能的比较和分析。借助专利效能信息，有助于事先相对估计买主愿意为目标专利付出的最高价格，并说服卖方接受这一价格，从而撮合成交易。

就专利运营而言，不管是技术的供需方、交易撮合中介还是专利运营机构，在搜寻和确定专利技术的供求方、对专利进行恰当组合和说服交易对手接受报价时，都可借助对专利效能的分析来提高工作效率。例如，在对证券化了的资产进行定价时，最关键的就是对许可费收入流进行收益和风险分析，这需要借助对各个专利的效能进行分析，并考虑各专利的收益波动相关性，在此基础上确定组合资产的整体风险和整体收益率。搭配良好的专利组合带来的许可收入流的波动性会小一些。对风险厌恶者而言，低波动性就意味着价值增值。又如，在专利质押贷款中，专利组合也由于组合风险低、违约后更容易处置等特点受到银行青睐。对各个专利的效能及其相关性的认识，有助于银行更好地判断组合贷款的风险，便于在合同中确定合适的贷款利率和质押率等关键指标。再如，在专利联盟的组建和运行中，在对入池专利进行筛选时，如果两件专利具有类似的效能，那么，通过选择效能高和放弃效能低的专利，可以提高专利联盟的质量。在专利联盟对许可费收入在成员之间进行分配时，如果可以基于各个专利的效能对其经济价值进行估计，那么，专利联盟就可以根据各个专利对联盟专利池的贡献大小在成员之间分配对外许可的收入，这更符合贡献越大回报越大的原则。

第八章介绍如何利用专利信息特别是专利效能信息为风险投资决策提供参考。

在进行风险投资时，风险企业拥有的技术所具备的特征不可避免地会影响到风险投资者的决策。一些国际学术研究已经证实，专利信息确实对风险投资者的介入、合作和退出等决策产生了影响。反过来，这意味着记录着丰富技术、权利和其他信息的专利文献可以成为被风险投资者主动利用的对象和决策辅助工具。专利效能信息是一类独特的专利信息，它在风险投资决策中的作用体现在寻找独角兽、对风险项目进行组合投资、在退出环节围绕专利组合的效能提升来进行密集的专利布局以提高转让溢价、提高创业者与投资者之间的沟通效率、帮助风险企业选择恰当的持续创新路径等方面。该章还通过两个示例，分别考察了 AHP 法在风险投资项目筛选中的运用和如何借助专利效能信息对风险企业进行动态管理。

本书的创新之处主要体现在三个方面。

其一，在考察专利具有什么样的用途时，不仅仅从专利的技术效果或传统的物理功效的角度出发，还从专利技术的使用者和消费者的角度出发，来提炼和评价专利的作用。尽管物理功效是使用者和消费者判断自身能够从专利技术的使用中获得效用的基石，两者也确实有重叠，但是两者毕竟不是同一个东西。传统的功效分析通常是某种构思能够产生的物理效果，如将多个组件的位置进行调整。而效能则是生产者和消费者感知到的效用来源，如位置调整给生产者和消费者带来的影响。

其二，对专利的功能本身进行测量。传统分析的功效几乎忽略了真正的量化分析。在进行功效分析时，通常对具备某种功能的专利进行计数，而忽视了对功能本身在量上的测量。在现代经济管理决策中，量化分析越来越普遍，这提高了决策的精确性。如果在对专利进行评价和判断时，漏掉了对专利自身在功能上的量的测量，分析的准确性就会大打折扣。

其三，不仅从经济学、管理学角度探讨了专利效能分析的原理，并以主要专利运营模式、风险投资、企业管理等领域为背景，结合一些具体的决策问题，讨论了专利效能信息的运用思路和分析方法。这丰富和拓展了效能信息在实际决策中的运用。

本书的主要不足之处在于，对专利所具有的独特效能进行精确的测量不是一件容易的事情。目前仍然会在比较大的程度上受到评价者的主观影响。但是，这并不是一个足以否定掉效能分析本身的必要性的不足。当前，人类获取和处理数据的能力越来越强大。未来，人们可以获得关于专利效能的更多种类和更详尽的数据，同时人们越来越善于分析和处理这些数据，专利效能的测量势必会越来越接近整个市场和社会给出的客观评价，日益丰富的分析方法也会推动专利效能信息被运用于解决更多类型的实际决策问题。

第一章　在专利地图中引入专利效能
信息的背景与意义

一　专利地图在缓解技术创新信息不完全中的作用

提高专利信息的使用效率对创新驱动发展战略的实施有独特意义。十八大提出我国要实施创新驱动发展战略，为此，需要着力激发各类创新主体发展的新活力，增强创新驱动发展的新动力。目前，限制我国各类创新主体的一个客观因素是不确定性带来的高风险。不管是科研机构的研发活动、企业的新技术实施决策还是风险投资的投资决策，都处于复杂多变、不确定的技术、经济和法律环境中。在不确定性日益增强的环境里，越来越难做出技术上的决策。

Knight（1971）将不确定性分为三类。第一类不确定性下，可能发生的各种情形及每种情形的概率都是已知的；第二类不确定性下，知道可能会发生哪几种情形，但不知道每种情形的概率；第三类不确定性下，对可能发生的情形及其概率都无法做出明确的预测，后来的学者称之为"Knight的不确定性"。创新行为更多地属于后两种类型。过高的不确定性，会使各类创新主体的行为趋于保守，乃至丧失活力。

不确定性还可以被分为客观存在的不确定性和主观感受的不确定性。前者是不可消除和减少的，未来的发展总有不可预测和控制的成分。而后者则是可以采取措施来减少的。当决策者对影响当前和未来发展的因素一无所知时，他所感受到的不确定性必然大；相反，当决策者拥有关于当前和未来的更充分信息后，所感受到的不确定性会减少。因此，是否拥有更充分更准确的信息影响着决策者们所感知到的不确定性大小。

经济学界用"信息不完全"（Incomplete Information）来概括市场参与者不拥有关于经济环境状态全部知识的情形。让市场参与者拥有更充分更准确的信息，是提高市场运行效率的切入点之一，也是政府经济职能之一。正是为了让创新主体更好地了解所处的技术、经济和法律环境，缓解信息不完全和不确定性导致的负面影响，我国大力推广对专利信息的利用，如推广各类专利地图的使用。一些知识产权机构积极引入国外已有的专利地图分析工具，向政府科技管理部门、产业界提供咨询和培训服务。其目的是增加各类决策者对其所处环境的认识，减少由于决策者自身的认知约束导致的不确定性，或者说，减少技术创新过程中由于信息不完全导致的问题。

自从我国推广专利地图以来，尽管提高了创新主体的决策效率，但企业界也反映，专利地图还需进一步提升才能真正满足企业的决策需要。例如，现有地图给出的信息通常是业内技术专家不用画图也能凭经验感受到的，企业不绘制地图能依据专家经验做出类似的决策。

企业界的期待与现有专利信息服务的现状之间的差距，可以借助构建新的信息分析方法和设计新型专利地图来缩小。本书尝试构建一种基于市场对专利效能的感知的新型专利地图，以及探讨专利效能信息在企业经营决策、风险投资决策、技术中介决策和政府科研基金资助决策中的潜在作用，提高决策有效性和专利市场的运行效率。

二　现有专利地图的类型、功能和局限

专利文献是集科技、经济和法律信息于一体的一类特殊信息，既包括对发明的技术特征和实施过程的详细描述，也包括申请日期、专利分类号、权利范围、专利发明人等内容。今天，专利文献已经在科研、出口、技术引进

等活动中被广泛运用。

在人类进入信息时代的今天,重视专利信息并不为怪。人们对专利信息的主动利用可追溯到 200 多年前。Christine & Alessandro 的历史考证揭示,早在 18 和 19 世纪的英国,人们就已经在有意识地利用专利文献来获取或传播信息。当时,英国政府在对专利授权时只是通过伦敦公报进行简短发布,但技术说明书则并不公开发布,只是被堆放在储藏室内,人们要支付 2 ~ 40 几尼来购买说明书的复印件。但这并没有妨碍有进取心的制造商前来付费查阅感兴趣的专利。当时,所有申请复印说明书的请求都必须署名。为了避免专利权人通过署名发现不向专利权人支付许可费而直接将专利技术应用到生产过程的侵权线索,一些制造商刻意使用别人的名字来登记。此外,专利信息还被派上了意想不到的用场,一些工程师刻意通过申请不具有实用性的专利来提高自己在技术劳务市场上的声誉。在 19 世纪 60 年代,热力学定律已经证明永动机在技术上是不可行的,但 1860 ~ 1900 年仍有 217 项关于永动机的技术获得了专利,人们申请这些技术上不可实施的专利的主要目的是提高自己的声誉。在当代,人们对专利文献的利用手段越来越丰富和科学,经分解、转化、标引、统计、整合等手段处理后形成的专利信息的用途也越来越广。[1]

专利地图是当前分析专利信息的主要工具,集中体现了人们利用专利信息的水平和能力。1968 年,日本专利局绘制了世界上第一份专利地图,人类开始从大量专利文献中挖掘信息。

根据绘图方法的不同,专利绘图被分为两类(刘平等,2006):一类是定量分析(包括引证分析),主要是通过申请日期、申请人等专利文献中的特征项将专利文献按专利数量、专利引证数量等指标进行统计分析,了解整体格局和发展动态;另一类是定性分析,主要采用文档聚类法来对专利说明书、权利要求书中的技术内容或"质"进行分析,这类图看起来更像地质学上的地图。本书标题中所指的专利地图,指的是广泛意义上的

---

[1] 吴欣望、朱全涛:《专利经济学——基于创新市场理论的阐释》,知识产权出版社,2015。

地图，不仅包括探讨使用聚类分析构建地形地图的原理和方法，而且还探讨其他类型的地图，例如，将对专利效能的量化分析引入传统的技术功效矩阵地图中去。

从绘图时侧重的词汇类型来分，目前形成了专利技术地图、专利权利地图和专利管理地图三大类专利地图，分别主要服务于企业的技术研发、侵权预警和了解业内技术动态。

专利技术地图主要服务于技术研发。通常关注专利的技术特性，有助于了解某个行业或企业的专利在各个技术领域的分布。为企业研发提供思路来回避现有的专利和挖掘新的研发领域。

专利权利地图可以帮助人们减少专利申请被拒绝的风险。专利权利地图的绘制思路是先将专利权利要求书中所要求权利的关键词作为聚类对象，绘制地图。由此明确哪些专利的权利要求相互接近，从而侵权的可能性相对大。在具体的判案过程中，通过分解专利权利要求的构成要件，与对照专利的权利要求进行对比，就可以确定是否侵权。如果产品可能侵权，则可以指导研发者如何通过更替或减少权利要求，进行专利的回避设计。

专利管理地图主要针对专利文献中的结构化条目来构造一些统计指标，再对这些指标进行跟踪和描述，来获取分析者感兴趣的信息。例如，通过对结构化条目"专利权人""申请年份""专利分类号"所提供的信息进行分解，就可以获得分析者所关注的专利权人（如自己的竞争对手）的历年技术领域分布图、历年专利数量消长图、研发领域转移图等。这些分析可以同时在整个行业层面和企业层面进行，反映出某个行业或企业整体经营的趋势。

上述三类专利地图在实践中被广泛运用。专利地图有助于管理者了解整个行业的专利在不同企业、不同地域和不同技术领域的分布及变动趋势，了解相关竞争者的整体专利技术状态，有助于为研发人员提供研发思路、减少重复研发和侵权风险。

不过，人们仍然需要能从不同角度来满足企业决策需求的新型分析工具。现有的三大类专利地图主要建立在对专利的技术特征、权利特征和结构化条目进行分析的基础上，并不是建立在市场或客户对专利技术的认知上。

而对企业管理者和研发者而言，研发成果如何，专利价值是大还是小，都要取决于市场或客户的认同。现有的三类专利地图没有充分重视体现专利的市场属性的变量，从而限制了其在经济和管理决策中的作用。

具体说来，专利技术地图的主要服务对象是技术研发人员。技术研发人员虽然可以借助专利技术地图寻找技术空白点，获取新的技术方案思路，但对新思路引导下开发出来的技术的市场前景并不明确。而事前缺乏市场评估，会降低技术研发成果的经济价值；专利权利地图的主要服务对象是技术研发人员、维权人员、申请人员和审查人员。其作用主要体现在判断专利的权利要求是否具有独特性上，对减少重复性研发活动和寻找侵权者有积极意义；专利管理地图只是借助不同统计指标对专利技术在某行业、地域或领域的分布及其变动趋势进行统计意义上的描述。然而，真正有助于管理决策的信息，必定是能对决策的经济后果进行初步预测的信息。分析者无法借助专利管理地图来对某个企业或其竞争对手的专利技术给其他企业的生产经营活动带来的影响进行评价，从而无法发挥真正意义上的"管理"咨询功能。可见，目前的专利地图主要是为研发人员和维权人员的决策提供支撑，在企业高层的战略决策中发挥的作用仍然有限，离社会对充分利用专利信息的要求还有一定距离。限制专利地图发挥更大作用的一个主要原因是，现有的专利地图没有充分重视体现市场对专利的认知的信息，从而限制了它们在经济和管理决策中的运用。

三　国外学界构建新型专利地图的若干探索

从发展动态看，专利地图的绘制和应用方法本身还处于继续发展阶段。近年来，为了让专利文献中包含的信息能更好地支持决策，国外一些学者正尝试设计新的专利绘图方法。Miyake 等（2004）开发出一种叫作技术热地图的专利地图，该地图对专利在特定技术领域的应用状态进行分析，对各个公司都关注的热门技术领域进行可视化分析；Cheng（2012）使用专利文献来同时捕获企业的内部资源和对外联系，构建起一个有效的模型，来帮助企业基于自身的技术特征来对商业决策进行定位。他将这两种方法融合起来，借助企业自身专利组合和引证数据，构建起 5 行 6 列矩阵，描述了企业之间的四种关系。研究者和管理者能够使用该矩阵来识别真正的竞争者或合作者，制定竞争或合作的技术战略。

Lee（2009）努力将技术路线图和专利地图结合在一起使用。技术路线图是支持技术规划和决策的有力工具。但传统的技术路线图需要借助专家委员会对技术的优先顺序做出评价，从而容易受到专家主观偏见的影响。为了克服这一局限性，Lee 等人设计了基于专利文献的技术路线图。在这种方法下，专利的数量被用于评价每类技术的重要性。该方法的优点是用客观数据来对技术评分，从而避免了受专家主观看法的影响。本文提供了在使用该方法时，对每类技术进行评分的方法。Lee 等（2009）还关注企业如何能够从自身的技术能力出发找到新的商业机会。该文提出了一个技术驱动的路线图绘制程序，从以技术规划为目的的技术能力分析出发，以商业机会分析的市场规划为结束。该文建议，使用专利数据作为技术能力的代理性测量数据，并提出了监测、合作、多元化和基准测试这四个分析模块来支持决策。该文使用文本挖掘、网络分析、引证分析和指数分析来从专利数据中获取有价值的信息，并画出了主体类似图、技术 - 产业图等四类地图。国外学者还努力将专利地图用于新的领域，如 Jong（2009）就运用专利地图，为服务业制定研发战略提供以服务为导向的技术路径图。

对专利的信息分析通常是对多个专利（即专利组合）进行分析。据说，Brockhoff（1991）最早提出专利组合分析。[1][2] 不过，Ernst（1998）对专利组合信息进行分析和运用的文章被广泛引用。这里对该研究进行较为详细介绍和简要点评。Ernst（1998）指出，专利信息在企业研发战略和研发规

---

[1] Xian Zhang, Haiyun Xu, Shu Fang, Zhengyin Hu, Shuying Li, "Building potential patent portfolios: An integrated approach based on topic identification and correlation analysis", The 4th Global TechMining Conference, Netherlands, 2014.

[2] Brockhoff, K. K. "Indicators of firm patent activities. In Technology Management: The NewInternational Language". Portland International Conference on Management of Engineering and Technology. Washington, DC: IEEE Computer Society, 1991: 476 - 481.

划中的运用还不够充分。他探讨了可用于研发战略规划的两类专利组合。在公司层次的专利组合中，将公司整体的技术质量状况与竞争者比较；在技术层次的专利组合中，各类技术组合可帮助公司有效配置研发资源。利用 21 家机械工程企业的专利数据，他演示了这两类专利组合在研发战略规划中的应用。他的思路在一些专门的专利信息分析软件中得到某种体现。该文分别从企业层面和技术领域层面对专利组合进行了分析。下面进一步介绍其思路。

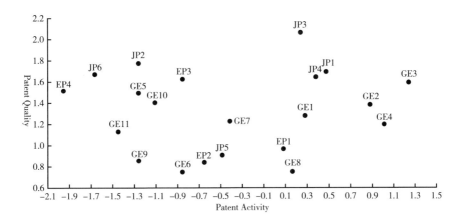

图 1 - 1　专利组合中专利战略的类别

　　首先，该文在企业层面上进行了专利组合分析。图 1 - 1 中，21 家公司专利行为分别被归为四类专利战略。五个高活力并有高质量专利的公司被放在右上方的象限。它们可以被认为是这个行业的技术领导者。"较少的但高质量的专利"的象限中，有很多小公司，它们并没有很多的专利。但是，由于它们的专利具有很高的质量，这些公司的技术潜力是不应该被低估的。因此，在技术监测中，这些公司的专利行为应该被仔细地观察和检验。

　　其次，该文在技术领域层面进行了专利组合分析。技术领域的专利分类是绘制专利组合的前提。在图 1 - 2 中，一共考虑了 10 个技术领域，如图中白圈所示。专利组合有相似的基础结构，即我们熟知的二维结构。在横坐标上衡量的是"相对专利地位"，这衡量的是目标公司的专利申请量与其最活跃的竞争者的专利申请量的比较。两个公司的活跃度相等时其值为 1。横坐标的值受该图所考察的目标公司的个体行为影响；纵坐标表示技术领域的吸引力，一般认为专利活动频繁的技术领域比专利活动不活跃的领域更加具有吸引力。在纵坐标上每个技术领域的值是通过专利申请量的增长率来确定的。纵坐标的值受所有公司影响，将专利按各自的技术领域进行了分类。

白圈即技术领域的大小，反映了目标公司在该技术领域内的相对专利分布。这指出了每种技术在该公司的研发组合中的重要性。该技术的重要性，是通过该技术领域的专利申请量与该公司总的专利申请量相比计算出来的。这种通过不同大小的圆圈来表示专利特征的方法，后来被专门的专利信息分析软件 Innography 采用。[①]

从图 1 - 2 中可以清楚地看到，一些在公司专利总量中占据重要位置的技术领域的技术吸引力却很低。许多吸引力大的技术领域，要么被控制在竞争者手里，或者是对于该公司而言明显是不重要的领域。对图 1 - 2 进行综合考虑后，公司需要对是否要将更多的研发资源从低吸引力的技术领域转移到高吸引力的技术领域进行重新思考。

可见，专利组合能够用来评估技术强度和考察公司在不同技术领域的弱点。这个信息可以用来作为战略研发投资决策的基础。

最后，该文结合技术领域层面的专利组合分析并探讨了在具体行业的运用。Ernst（1998）把专利组合应用到样本中的公司上，实施了一次大规模的专利组合分析。在具体技术领域的实际应用中，专利组合图包括三个要素，即公司在某个技术领域的专利相对地位、技术领域的吸引力以及特定技术领域在企业专利资产中的重要性。一个在特定技术领域的公司的相对专利地位是测算公司所拥有的专利数量相对于特定技术领域的竞争者的专利数量的比例。这里采用在每个技术领域中拥有专利数量最多的公司作为基准。因此在每个技术领域，相对专利地位的最大值是 1。

---

① 马天旗：《专利分析——方法、图表解读与情报挖掘》，知识产权出版社，2015。

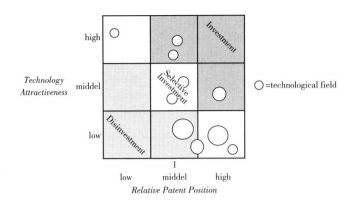

图 1 - 2　电子制造业技术领域的专利组合

本方法涉及两种不同的专利申请增长比率的计算。第一，RGR（相对增长率）测算的是在特定技术领域专利申请的平均增长相对于总专利申请的平均增长，计算的期间是在 1981～1992 年整个时间段内。该指标构成了图 1 - 3 中的纵坐标；第二，为了评估新修改的专利申请数量的增长趋势，我们计算相对发展增长率（RDGR）。在计算相对发展增长率时，要先用某技术领域在 1987～1992 年期间的专利申请的平均增长率除以 1981～1986 年的该领域的专利申请平均增长率。然后除以全部技术领域所对应的指标。每个技术领域的相对发展增长率计算的是在该技术领域专利申请的平均增长率占总专利申请的平均增长率的比率。该指标被用于配合图表分析。

横坐标描述的是每个技术领域的相对专利地位。因为相对专利地位最强的专利权人在一个技术领域中的相对专利地位的取值为 1，所以，相对专利地位强的专利权人位于专利组合的右边。图 1 - 3 中白圈旁边的符号的含义是，头两个英文字母代表国别，字母后面的第一个数字代表公司的编号，第二个数字代表所处技术领域的编号，例如 GE4/5 表述了德国 4 号公司在领域 5 的专利位置，JP3/4 描述的是日本 3 号公司在领域 4 的专利位置。白圈大小反映的是各个领域技术对目标公司而言的相对重要性，是通过该技术领域的专利申请量与目标公司总的专利申请量相比计算出来的。

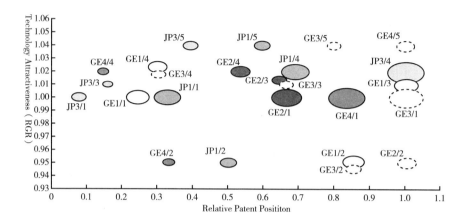

图 1 - 3　专利相对位置和技术吸引力分析

借助图 1 - 3 可以清晰地看到各个技术领域的增长态势。位于领域 1 的专利增长保持了相对持续平稳的速度，位于领域 2 的专利申请相对于在领域 4 的整个专利申请的增长速度来说是递减的。从增长率的计算来看，领域 4 似乎是最吸引人的，因为专利申请的增长最快。就公司来看，GE1、GE2、GE3、JP1 和 JP2 这六家公司已被确认为实施了积极的高质量专利战略，是具有最高技术潜力的公司。GE3 公司在领域 1 占主导地位，这一技术领域在公司的专利活动中受到高度重视。GE3 公司在领域 2 和领域 3 拥有很强的专利位置。然而，这些技术领域比起领域 1 来逊色。领域 4 构成了该公司的核心竞争力和核心技术资产。

上面介绍的这些分析方法已经被业界分析者运用于实际决策，具有实践价值。但是，这些分析主要依靠对技术特征和非结构化信息的分析来辅助管理决策。如果能够将反映市场对专利的感知的信息考虑进来，就可以让专利信息在研发策略、定价策略、营销策略和竞争策略等企业常规管理决策中发挥更广泛的作用。

四　反映专利认知的信息来源

笔者认为，为了进一步发挥专利地图在经营管理决策中的作用，就有必要在绘制地图时，在绘图的原材料（即被用来绘图的数据）中包括体现市场对专利的认知的信息。这些体现市场认知的信息是本书后文主要采用的信息。那么，这些体现市场对专利的认知的信息来自哪里呢？有以下三个潜在来源。

第一个潜在来源是基于结构化数据来捕捉体现市场认知的信息。结构化数据指专利文献中具有统一格式或者直接用数字来表示的那部分信息。

例如，专利引用率反映了同行业企业对某个专利的关注和跟踪程度。同行业企业的关注程度通常又与市场最终的认同度正相关，例如，公司的销售额等指标与专利引用量等专利质量指标正相关（尽管并不是每个引用率高的专利都导致销售额高）。因此，引用率越高的专利，通常说明市场认知度越高。通过专利质量指标这类具有一定市场认知属性的指标，可以判断各公司的技术战略定位，例如该公司是注重专利质量的技术领先者还是注重数量的追随者。不过，上述数据来源并不能充分满足在绘制地图中包括体现专利的市场认知属性的信息的需要。这种来源本质上仍然基于专利的技术属性。例如，专利引用量的高低其实直接体现的是从事技术研发的同行的认同度，与市场的最终认同尚有一段距离。

又如，同族专利的个数也是一个反映市场认知程度的结构化数据。同族专利是在不同国家获得授权的内容基本相同的一组专利。同族专利的个数越多，说明专利权人认为在不同国家获得市场认同的可能性越大，从而越愿意为申请和维持外国专利花费成本。

第二个潜在来源是基于技术使用者或最终消费者的认知来挖掘或构造体现专利技术的市场属性的信息。

本书所设计的专利效能地图就是建立在技术使用者或最终市场认知基础上的。客户之所以认同一项新技术或新产品，必定是因为该项新技术或新产品具有某种更好的功能，能够增进客户的效用或收益。具有不同功能的新技术或新产品从不同的方面吸引着客户。例如，可以从不同功能的角度来对某领域内的技术特征进行解读，这些功能可以是安全性好、更环保、操作方便、降低磨损、结构紧凑、密封性好、热效率高、装卸方便、耐腐蚀、精度高、寿命长、稳定可靠、成本或价格低等多个方面。专利权人设计某个新产品或新技术时，通常会认为这项设计是有积极的社会意义的（除非刻意申请垃圾专利），也会在专利申请中简要介绍该技术的优势，而这些优势会进一步体现在技术说明书和申请书中。反映这些优势的字段属于非结构化数据，并没有统一的格式。

第三个潜在信息来源是市场对专利产品的最终认同程度的数据，这些数据在一定程度上直接反映了市场对企业经营某种专利产品的最终认同程度。

例如，价格本身就是反映市场是否认同的最直接的数据，如果价格远高于成本，仍有旺盛的市场需求，这毫无疑问就说明了市场认同程度高。经济学中用来测量企业垄断力量强弱的勒纳指数（Lerner Index），就是一个利用价格构造出来的指数，该指数被用来测量某专利产品的定价能力。[①] 定价能力越强，不仅说明该产品被其他产品替代的空间越小，而且说明，在源自其他厂商的竞争压力不变的条件下，市场对专利产品的需求量大，同时需求具有较大刚性，从而企业能够制定相对高的价格。在分析对某个企业的专利产品的市场认知程度时，可以分析与该企业在同一领域内竞争的其他企业的市场认知程度，并将这两者进行对比。这有助于了解目标企业在业内的相对竞争优势。

第二种信息来源与第三种信息来源的差别在于，前者关注的是该专利技术试图从哪些方面来迎合消费者或满足其某些特定方面的需求，如更高的安全性、便捷性等。而后者关注的是，市场对这些性能的最终需求和出价。或者说，前者是消费者直接感受到的功能，后者是消费者感受到该功能后愿意支付的价格。而第一种信息来源中的引证信息则反映的是同行业的研究者对该专利的关注和认同程度，它与最终的市场认知程度通常正相关。

---

① 勒纳指数的计算公式为：$L = (P - MC)/P$，其中，L 为勒纳指数，P 为价格，MC 为边际成本。勒纳指数通过测量价格对边际成本的偏离程度，来反映企业垄断力量的强弱。勒纳指数位于 $0 \sim 1$，取值越大，市场垄断力量越强；取值越小，竞争程度越高，市场处于完全竞争时勒纳指数为 0。

本书重点考察专利文献中的效能信息的利用，对其他反映市场认知的信息，则主要从如何和效能信息结合利用的角度进行介绍。

五　围绕捕捉专利文献中的效能信息展开的研究

专利文献中的效能信息，描述的是专利技术具备的功能，如结构紧凑、操作方便、降低磨损、密封性好、热效率高、节省空间、装卸方便、安全性好、耐腐蚀、精度高、寿命长、更环保、稳定可靠、提高劳动生产率、改善劳动条件、成本或价格低等。这些功能能够增加技术使用者的利益，或者增加消费者获得的效用。

从专利文献中可以直接或间接获得描述效能的词汇。所有的被授权专利的文献中都包含关于专利功效的信息，这些功效信息构成了下一步进行效能分析的基础。专利法通常要求专利必须具备实用性特征。我国《专利法》第二十二条第四款规定："实用性，是指该发明或者实用新型能够制造或者使用，并且能够产生积极效果。"所谓"积极效果"，就是如果实施专利能够导致某些技术意义上的效果。实用性是一项技术可被授予专利权时必须满足的三大基本性质之一。与"三性"中的创造性和新颖性相比，判断是否具有实用性相对简单，通常直接根据技术自身可能产生的效果进行判断即可，无须在浩如烟海的文献库中搜索现有技术来进行对比。或许，正是因为判断实用性时无须检索文献库，才导致在专利分析中判断效果时停留在"有"或"没有"的阶段。而不是进一步从量上度量效果大小。

在申请专利时，必须提交技术说明书和权利要求书等文件。技术说明书包含技术领域、背景技术、发明创造内容和实施例四大部分。背景技术部分通常介绍现有技术的缺陷；发明创造内容部分首先介绍发明目的，如提炼出导致现有缺陷的技术问题，然后介绍将采用什么方案来解决技术问题，最后还要描述方案产生的有益效果。

需要强调的是，这里的"有益效果"指的是技术效果，如所采用的方案怎样解决了技术上的缺陷。至于经济效果，在申请专利时并不需要说明。

在实施例部分，介绍了使得方案得以实施的所有技术要点和技术特征。这部分内容既是对说明书中前三个部分的具体化，也是为权利要求书中提出权利要求作铺垫。此外，在对专利技术进行效能上的度量时，也需要借助实施例，才能做出相对准确的判断。

对效能进行度量，是将对专利的技术分析转化为经济分析不可绕过的环节。市场上的购买者几乎每时每刻都在进行精确的量的权衡，比如，是否愿意花钱购买某种产品取决于该产品带给自己的效用增量是否超过了放弃所付费用的效用损失。毫无疑问，产品在技术功效上的量的大小，直接影响着该产品带给消费者的满足程度的大小。因此，要对专利技术进行经济分析，必定离不开对效能进行测量。可借助图 1-4 概括将技术效果转化为经济效果的过程。

图 1-4　效能度量将技术效果转化为经济效果示意

尽管到目前为止，对效能的测量并没有成为专利分析所关注的一个关键环节，但对专利技术的功效进行分析已经有一定的积累。由苏联科学家根里奇·阿奇舒勒于 1946 年构建的 TRIZ 理论中，就包含对技术或产品进行功能分析。在他的领导下，苏联曾经通过对全世界近 250 万份高水平发明专利进行分析来总结发明规律，以便推进自己的技术创新战略。在 TRIZ 理论中，对目标产品或目标技术进行功能分析成为引导下一步创新的关键性工作之一。其思路是，将某个产品如汽车视为一个系统。该系统由若干个相互作用的内部组件构成，且该系统也与系统外的一些物体发生作用。这些作用类似于各个组件的功效。发明的方向就是发现这些功效的不足以及如何广泛利用已知的各类知识来提升这些功效。尽管 TRIZ 理论后来在世界各国得到了广泛应用，但是，它所倡导的功效分析强调的仍然是技术效果。这些技术效果有的可以被技术使用者或消费者直接感受到，有的则需要进行转换。

当前，对专利文献中的技术效果信息进行分析的传统工具是专利功效矩阵。该工具主要统计具有某种特定功能的专利的个数，也就是建立在判断特定专利"有"或者"没有"某种功能的基础上。最初，只是一张对各个专利是否具备某个或某些功效进行画钩的简单表格。后来，进一步地结合技术特征词汇，形成了技术功效矩阵。Kim（2008）讨论了构建技术功效矩阵的思路，即将专利文献中描述技术特征的词和描述功效的词挖掘出来，然后再将各个专利分别归类到技术功效矩阵中所对应的位置。[①] Cheng（2012）尝试通过国际专利分类号来确定专利的技术特征，在此基础上构建专利技术功效矩阵。[②] 表1-1展示了技术功效矩阵图的基本格式，各字母后的数字代表同时具有所处位置对应的技术功效和技术特征的专利个数。图1-5则提供了一个专利技术功效矩阵图的示例。圆圈中的数字均表示具备坐标对应的技术和功效上的特征的专利个数。

表1-1　专利功效矩阵图的基本格式

功效＼技术	技术特征1	技术特征2	技术特征3	技术特征4
技术功效1	a_{11}	a_{12}	a_{13}	a_{14}
技术功效2	a_{21}	a_{22}	a_{23}	a_{24}
技术功效3	a_{31}	a_{32}	a_{33}	a_{34}
技术功效4	a_{41}	a_{42}	a_{43}	a_{44}

　　除了用矩阵形式来描述专利的功效分布状态外，也有尝试用地形图的方式来描述的。吴欣望等（2012）提出可以用地形图来展示专利功能的分布状况，并探讨了其应用领域。[③] 后来，笔者在德温特专利分析系统中找到了类似的功效分布图，如图1-6所示。

　　鱼骨图也可以被用来对专利功效进行分析。图1-7分析了三星公司的多点触屏技术。鱼头表示最终被投入市场的产品。该产品涉及的触摸屏技术

　　① Kim Y. G., Suh J. H., Park S. C. Visualization of Patent Analysis for Emerging Technology, Expert Systems with Applications, 2008, 34 (3): 1804 – 1812.

　　② Cheng T. Y. "A New Method of Creating Technology/Function Matrix for Systematic Innovation without Expert", Journal of Technolofy Management & Innovation, 2012, 7 (1): 18 – 27.

　　③ 吴欣望、朱全涛：《专利效能地图的构建与应用》，《建材世界》2012年第4期。

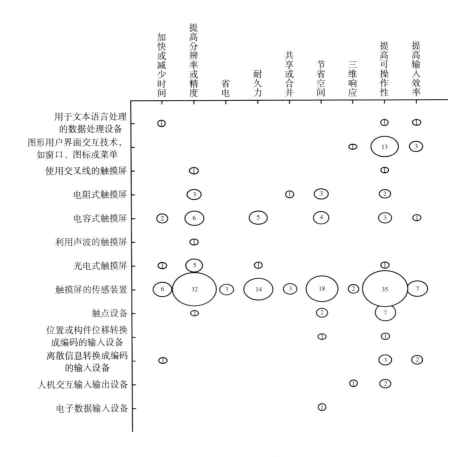

图 1-5 技术功效矩阵图示例

资料来源：陈颖、张晓林：《专利技术功效矩阵构建研究进展》，《现代图书情报技术》2011 年第 11 期，第 1~8 页。

和图形用户界面交互技术构成了鱼的大刺。小刺则意味着三星公司分别从哪些角度来提高相关领域的功能。

如何从文献中识别出专利具有的功效也是一个研究方向。Tseng（2007）等提炼出了 25 个被用来揭示专利功能的提示性词汇，这有助于识别出文献中描述功能的字句。表 1-2 展示了这些词汇。①

---

① Tseng Y. H., Lin C. J., Lin Y. I., "Text Mining Techniques for Patent Analysis" [J]. *Information Processing & Management*, 2007, 43 (5): 1216-1247.

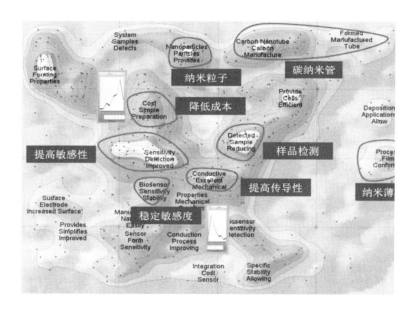

图 1 - 6　德温特专利功效分布

资料来源：Derwent Innonations Index——巧用 DII 数据库找科研技术信息，http：//ip - science. thomsonreuters. com. cn/media/PT/DII_ CW_ 01. pdf。

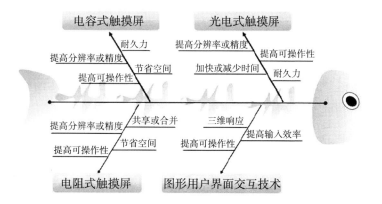

图 1 - 7　三星公司多点触屏技术的鱼骨图

资料来源：霍翠婷、蒋勇青、凌锋、刘会景：《日本 FI/F - term 分类体系在专利技术/功效矩阵中的应用研究》，《情报杂志》2013 年第 11 期。

表 1 - 2　揭示专利功能的提示性词汇

advantage	difficult	improved	overhead	shorten
avoid	effective	increase	performance	simplify
cost	efficiency	issue	problem	suffer
costly	goal	limit	reduced	superior
decrease	important	needed	revolve	weakness

Russo（2014）则考察了从专利的用途出发来进行专利搜索的原理和方法。他介绍了可资借鉴的一些情报分析的方法，包括 ENV 法、FBS 模型和 FB - PE - S 模型。① 其中，ENV 方法（Element，Name of the Property，Value of the Property）就是 OTSM - TRIZ 法中所建议的用来描述一个技术系统或问题的通用方法。该法是从人工情报分析模式 Object - attribute - value 中演绎而来的。其中，E（即 Element）是所考察的系统中包含的任何一个项目。N（即 Name of Property）表明了某个项目的任何一个特征。而 V 则是对特征的赋值，赋值至少可以取两个值。例如，如果用 ENV 方法来描述"一个使物体移动的工具"这一信息的话，E 就是指物体，N 就是指速度，V 的取值则从零到任何大于零的值。

FBS 模型则是 Gero（1990）提出的用来描述设计过程的模型。F（Function，功能）、B（Behavior，行为）和 S（Structure，结构）分别从三个不同侧面来描述同一个设计标的。其中，F 是技术体系为什么存在的原因，即该体系是用来干什么的；B 指客体的状态所发生的一系列的变化，这些变化受到自然规律的支配，即该体系如何运作；S 描述了客体的组成部件及各部件之间的联系，即客体到底是什么。其中，B 是连接 F 和 S 的桥梁，不同的行为能够产生相同的功能，同样的行为也能够适用于不同的结构。FB - PE - S 模型是在 FBS 模型的基础上进行改进所得到的一个模型。它在 FBS 模型的基础上增加了 PE（即 Physical Effect，物理效应）。Russo（2014）用一个案例演示了专利检索者如何使用上述方法来进行检索。所选择的案例是去壳器（nut - cracker）这种物品。与去壳器有关的同族专利有 1302 件，

---

① Russo，Davide，"Function - based Patent Search: Achievements and Open Problems"，*International Journal of Product Development*，2014，Vol. 19 Issue 1 - 3，pp. 39 - 63.

这些专利来自美国、欧洲和英国的专利局以及通过专利合作条约申请的以字母 WO 开头的专利，分类号为 A47J43/26 和 A23N5IP。所使用的搜索软件为 KOM，该软件用 FBS 模型来进行专利用途分析，具体步骤如下。

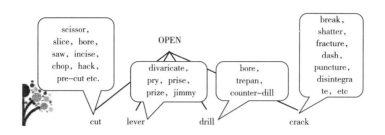

图 1-8　同义词分析

首先，与去壳器的功能（将壳打开）联系在一起的动作或者对物体所施加的行为（Behavior）可以被分为四类：切开、钻开、撬开和挤压开。与每一类行为或动作同义的动词又分别有一系列。例如，与挤压同义的词就有敲开、弄碎、弄裂、撞开、锤开等。如图 1-8 所示。

其次，再进一步地明确物理效果 PE。例如，"借助热力学原理将硬壳冻裂"中，就包含物理效果。表 1-3 所列举的几项专利，就是符合用热力学原理将壳冻开的专利。这些专利是被 KOM 软件所检索到的，其中，包含 freezing、nitrogen、low temperature、cryogenic liquid 等与冷冻有关的词的专利被提取出来。

表 1-3　同义词检索举例

EPI145653 – Furthermore. by. the shock <u>freezing</u> mechanical stresses are induced in the outer shell which usually cause it <u>to crack open</u> automatically.

WO7900982 – The embrittlement of the grains by the liquid <u>nitrogen</u> causes individual pieces of crushed grain to <u>fracture</u> quite easiIy in the rollers 28，which makes it easier to dislodge the fibrous fractions from the grain pieces. The grain is kept at a very <u>low temperature</u> during the abrasive <u>action to facilitate the fracture</u> between the grain and the fibrous porions.

US4436757 – Disclosed are methods for <u>decorticating</u> and for <u>hulling</u> sunflower seeds with <u>cryogenic liquid</u> gases such as liquid <u>nitrogen</u>.

最后，可以找出用不同的动作 B 来和不同的自然规律来实现功能 F 的专利。例如，在"用电学原理压开"和"用机械原理压开"子条目下，就分别找到了一些专利。在利用 FBS 模型检索到分类更细致的专利后，检索者就可以更加有针对性地对感兴趣的专利进行进一步的分析了。Russo（2014）认为，利用上述模型是可以提高检索的精确度和提高专利分析的效率的。

六　国内学者对专利效能信息利用的研究现状

我国一些学者也在专利绘图上做出一些探索。传统的专利功效矩阵编制起来依赖人工，在选取哪些方面的功效放入矩阵和选择目标专利上，均具有较大的主观性，且格式上主要是针对各项专利是否具备某些功效特征进行画钩或计数。这意味着面对海量专利数据进行功效上的分析是很不方便的，而且，容易遗漏一些专利。为此，陈颖等（2012）、翟东升等（2012）尝试了利用文本识别技术，对德温特数据库中的手机专利的功效词进行提取，然后对具备特定功效特征的专利文献频数进行统计，最后将具备特定功效的专利文献的频数和所对应的特定功效画在一张表格上，形成了可以让读者判断手机领域具备某些功效的专利个数的专利功效表，如表 1－4 所示。[①]

在简单的专利功效矩阵的基础上，发展出了专利技术功效矩阵。该矩阵有助于同时从技术特征和功效特征对专利进行解读。尽管一些软件如恒库、TDA 等尝试提高专利技术功效矩阵的自动构建程度，但整个过程中仍离不开专家对词汇的甄别和筛选。[②] 陈颖等、翟东升等讨论了如何借助软件提取技术词汇和功效词汇的问题。罗立国（2009）和潘雄锋等（2010）也讨论了专利的技术功效图的绘制方法和应用。

[①] 翟东升、陈晨、张杰、黄鲁成、阮平南：《专利信息的技术功效与应用图挖掘研究》，《现代图书情报技术》2012 年第 4 期。

[②] 陈颖、张晓林：《基于特征度和词汇模型的专利技术功效矩阵结构生成研究》，《现代图书情报技术》2012 年第 2 期。

表 1-4　技术功效统计①

功效分类		专利数(744)
	reduce cognitive burden	15
increase (battery/device/power) effectiveness	reduce voltage losses	53
	facilitate the transfer of data	32
	reduce downtime	2
	decrease the memory utilization	7
	prevent data dependencies	2
	reduce noise	69
reduce cost	reduce network bandwidth	77
	reduce size	60
	reduced thickness	21
	reduce interference signal	27
	improve touch event	18
increase user satisfaction	increase user satisfaction	47
	provide feedback	19
	reduce risk of	10
	prevent the water intrusion	4
	reduce power consumption	281

　　翟东升等（2015）将专利文献中的功效词汇与描述专利的技术特征的词汇搭配起来，放在一张矩阵表中，用来判断具备特定功效的专利主要归属于具有哪些技术特征的专利文献中。表 1-5 展示了他们从德温特数据库中提取的 3D 打印机专利文献中的技术特征词汇和功效词汇。主要绘制过程是，从专利文献中分别提取描述"Novelty"的词汇，构成技术特征词的来源；提取描述"Advantage"的词汇，构成功效特征词的来源。在提取功效特征词时，在动词"增加""减少""改进""提高""方便""确保""防止"等动词后面的短语，会被作为描述技术功效特征的词汇被提取出来。②

①　翟东升、陈晨、张杰、黄鲁成、阮平南：《专利信息的技术功效与应用图挖掘研究》，《现代图书情报技术》2012 年第 4 期。
②　翟东升、蔡力伟、张杰、冯秀珍：《基于专利数据仓库的技术功效图挖掘方法研究——以 3D 打印技术为例》，《现代图书情报技术》2015 年 8 月。

表1-5 3D打印技术的技术功效统计①

技术功效	成像技术	成型技术	传感器	打印喷嘴	光线控制	通汽线站	静电粉末涂撒工艺	空气洗涤	控制系统	其他	其他线站	树脂材料	探测装置	特性材料	温度控制	引发剂粘连剂	运动控制装置	总计
保证热调节	7	5	4	2	2	1		3	3	3	1	1		8	11	2	3	24
减少能源/材料消耗	15	78	7	9	9	50	5	4	30	21	16	44	5	76	19	36	11	203
减少气泡/变形	15	40	6	8	5	23	1	1	14	4	12	17		43	12	18	3	106
减少时间消耗	25	138	11	26	19	65	8	6	58	20	25	45	4	83	16	33	36	307
减少数据量	2	12	1	2	1	5			10	3	2	4		5	3	3		29
减少体积/重量	12	34	6	13	7	31	3	1	34	10	11	29	3	53	8	26	19	149
减少污染	1	9		1	3	1		2	4	2	1	1		9	3	5	1	19
降低成本	21	92	8	24	4	43	3	3	40	15	12	34	3	63	17	13	28	233
其他	20	39	10	14	13	63	5	5	43	15	27	29	2	71	24	14	14	201
确保系统安全		1		1	2	1	1		2			2		3		2	1	6
提高打印效率	53	523	24	43	40	156	18	10	121	54	36	119	5	198	43	73	60	774
提高打印质量/精度	55	205	29	51	27	135	11	10	136	46	44	91	5	214	45	86	70	635
提高稳定性	8	47	8	10	11	27	6	3	25	13	13	16	1	50	13	22	22	147
提高使用寿命/应用范围	2	39	33	42	13	25	12	5	68	32	6	30	5	28	54	12	83	264
提升用户体验	10	65	13	16	4	47	5	1	53	20	13	29	2	49	21	16	20	198
总 计	105	569	106	105	63	254	27	19	280	107	74	200	14	379	120	134	158	1393

① 翟东升、蔡力伟、张杰、冯秀珍：《基于专利数据仓库的技术功效图挖掘方法研究——以3D打印技术为例》，《现代图书情报技术》2015年第7/8期。

在绘图方法上，一些学者进行了尝试。吴欣望等（2012）提出可以利用专利文献中的效能信息绘制可视地图。专利文献包含广泛的科技、经济和法律等信息，被誉为一座金矿。为了开发专利文献这座潜在的"金矿"，人们开发和设计了专利技术地图等各种信息分析工具。专利技术地图根据专利技术的技术特性对专利进行类聚，转化成二维或三维可视地图，有助于企业借助专利技术地图寻找技术空白点，获取新的技术方案思路以及绕开现有的专利技术壁垒。然而，该文认为，专利技术地图主要建立在对专利的技术特征进行分析的基础上，而不是建立在市场或客户所感受到的专利技术的特征上。这意味着，虽然技术研发人员可以在专利技术地图的引导下开发技术，但却无法对待开发技术的市场前景进行相对客观的评估。而对企业而言，研发成果的价值大小最终恰恰要取决于市场或客户的认同。可以说，专利技术地图虽然能够在一定程度上克服对技术领域的盲目性，但却克服不了对市场感知的盲目性。基于这一认识，他们认为可以设计专利效能地图来解决上述困境。并提出了构造该地图的三个步骤：一是构造效能向量，即将某领域技术按照其具有的功能分拆为多个元素，如结构紧凑、操作方便、降低磨损、密封性好、热效率高、装卸方便、安全性好、耐腐蚀、精度高、寿命长、更环保、稳定可靠、成本或价格低等，在此基础上形成一个多维向量；二是以该行业内已经普遍实施的同类技术为参照，找出单个专利文献中体现出来的技术特性，对该专利文献的效能进行赋值，这样就形成该领域专利的效能数据库；三是使用专利地图绘制工具在专利效能数据库的基础上进行绘图，得到专利效能地图。[①]

陈旭等（2014）设计了一种将领域、技术、功效和专利融合在一起的专利地图。[②] 该图描绘的是某公司拥有的照明类专利的功效分布状况。在图1-9的中间位置，注明了所考察的专利组合属于照明类，用深黑色的方框表示。进一步地，又可将照明类专利组合划分为安装支架、散热器和LED

---

① 吴欣望、朱全涛：《专利效能地图的构建与应用》，《建材世界》2012年第4期。
② 陈旭、冯岭、刘斌、彭智勇：《基于技术功效矩阵的专利聚类分析》，《小型微型计算机系统》2014年第3期。

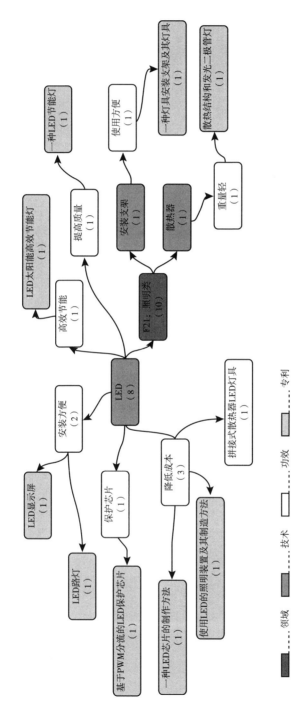

图 1－9　融合领域、技术、功效和专利的专利地图

资料来源：陈旭、冯岭、刘斌、彭智勇：《基于技术功效矩阵的专利聚类分析》，《小型微型计算机系统》2014 年第 3 期。

三个子类别，用浅灰色的方框表示。公司拥有 10 件照明类专利，其中属于 LED 领域的有 8 件，散热器和安装支架各 1 件。属于 LED 领域的 8 件专利具有降低成本、保护芯片、安装方便、高效节能、提高质量的功效。安装支架的专利具有使用方便的功效，散热器则具有重量轻的功效。

不过，整体而言，我国对新型专利地图的构建研究不仅稀少，而且主要关注的是提取数据的技巧，对专利地图的原创性设计和解决新的实际问题的研究非常少。实际上，我国对专利地图的研究更多地体现在应用层面上。如马天旗（2015）等结合丰富实例演示了专利数据的分析；[①] 张颖等（2010）提出了基于 XMLSchema 的专利地图；邱洪华等（2008）将专利地图方法应用于研究中国银行业的商业方法专利；王珊珊和田金信（2010）则将专利地图应用于企业研发联盟的专利战略制定。此外，郑云凤（2009）、武建龙（2009）等诸多研究均结合具体企业的专利地图来提出研发建议。

总之，目前的专利地图主要是为研发人员和维权人员的决策提供支撑，在企业高层的战略决策中发挥的作用仍然有限，离社会对充分利用专利信息的要求还有一定距离。知识产权部门在推广专利信息分析工具时，也时常遇到这样的困境，即企业工作人员往往认为不使用现有的专利信息分析工具，他们也同样能做出类似的决策。社会依然需要能够进一步满足企业高层、风险投资者等在战略决策上的潜在需要的专利地图。

七 在专利地图中引入效能量化分析的意义

制约效能信息被广泛运用的关键因素是目前对效能信息的分析范式本质上仍局限于定性分析。例如，在专利功效矩阵中，集中关注某专利是否具有某种功效。如果具有某功效，则取值为 1，否则取值为 0。这种分析本质上并不是真正的定量分析。定量分析意味着，必须对某种功能的效果进行大小

---

① 马天旗：《专利分析——方法、图表解读与情报挖掘》，知识产权出版社，2015。

程度上的评估。即便两件专利具有同样一种功能，但在效果上往往存在量上的差别。例如，同样能使产品寿命延长的两件专利，能延长 5 年的就比仅延长 1 年的更能让消费者满意。这种量上的差别，直接表现为技术上的效果或物理功能，如每小时可节省若干度电。间接地，则表现为消费者的效用增加。

引入定量分析，可能会有助于专利文献的效能分析发生一场飞跃，从而具有更多的科学色彩和更广泛的应用领域。现代科学的一大特色就是定量分析方法的广泛使用。而且，在各类经济决策中，都离不开数量上的权衡。如果不对效能进行量上的分析，就无法在经济决策中真正考虑到专利技术的物理功能的经济内涵，由此导致诸多不理性的经济决策。

下面的例子说明，在利用技术功效矩阵进行技术挖掘时，由于对功效的分析实质上仍停留在定性分析上，从而会导致做出并不合理的决策。

表 1-6 简要展示了对 3D 打印专利采用技术功效矩阵进行统计的结果。在绘制该图时，需要将所考察的 3D 打印专利逐项进行技术特征和功效特征的解读。在该例中，一方面，将 3D 打印专利从技术特征上分解为成型技术、打印喷嘴、静电粉末涂撒工艺和运动控制装置等环节；另一方面，从功效特征上分解为减少气泡、提高打印速度、减少变形、提高稳定性等。随后，再对每一份专利文献进行解读，判断各个专利是否具有某种功效或技术特征，如果具备，则在所具备的一个或多个功效或技术特征所对应的位置增加一个单位的计数。这样处理完后，得到的技术功效矩阵展示了 3D 打印领域的功效分布在哪些技术环节，以及在各个技术环节的分布个数。技术功效矩阵的提倡者认为，在企业研发活动中，进行技术挖掘时，借助该工具，研发者在提高产品某方面的功效时，可以从该功效所对应的技术环节中专利分布个数较少的环节入手。这样，更容易避开已有的专利壁垒；或者，当研发者试图对产品的某个技术构件进行改良时，借助该矩阵地图，可以知道在哪些功效方向上已经有大量专利或在哪些功效方向上专利稀少，从而对研发活动提供指引。

表 1 - 6　专利功效矩阵地图的基本格式

功　能＼技　术	打印喷嘴	静电粉末涂撒工艺	成型技术	运动控制装置
提高打印速度	60	92	102	71
减少变形	28	58	56	52
减少气泡	111	37	67	47
提高稳定性	84	60	54	89

不过，由于没有对功效进行量上的估计和处理，这一工具有时候会具有误导性。例如，假如打印喷嘴是决定 3D 打印效果的关键技术环节，决定着 3D 打印机的市场价值。在打印喷嘴环节，人们围绕减少气泡进行了大量研究，但并没有取得突破性的进展。尽管如此，仍然产生了不少微小专利。按照传统思路，这是一个需要回避的领域。不过，如果考虑这些专利的效能，就需要更加谨慎地做出决策。从效能上看，假如这些微小专利个数虽然多，但并没有在减少气泡上产生非常显著的效果。在构建技术功效矩阵时，对这些微小专利进行量上的处理（加总、取平均数或取最大值），那么，在它们对应的技术功效矩阵地图的位置上的取值会变得相对小。这意味着，这依然是一个需要重点研发的领域，而且已有的专利揭示出的是一批并不太成功的技术方案，如果需要设计出具有重大突破意义的新方案，就需要突破现有的思维范式和引入新的方法。相反，假如在静电粉末涂撒工艺这一技术环节，满足"减少气泡"这一功效的专利个数虽然少，但这些少量的专利已经取得了显著效果，则对应位置的取值会相对大。在这种情况下，研发者继续在这一技术环节以减少气泡为目的进行研发，进一步进行重大突破的可能性会相对小，更适合围绕现有的关键技术进行改良。如果其他人已经围绕关键技术进行了充分布局，则没有必要再对该领域投入研发资源了。

可见，如果将技术的功效所能产生的效果考虑进来，可能会给研发者提供截然相反但可能更合理可行的技术研发建议。在传统功效矩阵中，只考虑是否具备某种效能，把微小效能和重大效能同等处理，容易夸大或低估绕过技术壁垒的难度。将技术功效进行量化后，有助于改进决策。

从对分析者的素质要求看,功效仅关注是否具有某种功能,从而容易判断。然而效能不仅要对技术效果进行量上的判断,而且还要关注技术使用者或最终消费者的感受,这样才算得上是从市场角度来研判专利。因此,进行效能分析还意味着需要对包含效能信息的矩阵从技术使用者或消费者的角度来进行权衡。例如,在"减少气泡"和"减少变形"这两种用途中,技术使用者或消费者更看重哪一个效用?如果让企业在"对打印喷嘴进行改良来减少气泡"和"对成型技术进行改良来提高稳定性"这两项之间进行选择,那么,该如何取舍呢?这是一个融合了技术分析和经济分析的问题。其经济原则是对两个研发选项的成本和收益进行预测,选择净收益率最大的项目进行研发。进行收益预测时,不仅需要对"减少气泡"和"提高稳定性"进行效果上的预测,还需要对技术使用者或消费者愿意为这些改进的效果支付费用的意愿进行预测,在此基础上,预测出社会对改良技术或改良产品的需求函数或曲线;进行成本预测时,需要对研发投入和生产成本进行估算。最后,将供给和需求信息结合起来,对两个选项的净收益率进行估算,选择净收益率更高的项目来从事研发。

不难看出,与传统的功效分析相比,效能分析对分析者的素质要求更高。进行效能分析时,分析者不仅需要具有良好的技术背景,能够对物理效果做出相对准确的判断,而且还要善于从技术使用者或消费者的角度来对特定效能做出经济上的判断。单个人很难同时具备这些不同的素质,因此,高质量的效能分析得由一个具有多学科背景的团队来承担。这样,才能将市场认知摆在专利分析的中心位置。本书仅对处理效能信息的方法和潜在的应用领域进行了探索性考察,相信后来的研究者们能够设计出更有效的处理方法和找到更宽广的应用空间。

第二章　对专利效能信息的经济学理论阐释

一　从效能角度理解需求函数

采用具有不同效能特征的技术进行生产时，生产函数通常不会相同。不仅如此，消费者对产品的需求，也受到了技术的效能特征的影响。

众所周知，在经济学中，用一条市场需求曲线描述市场对某种产品（包括专利产品）的认同程度。例如，如果一个专利产品面临的市场需求曲线不仅垂直，而且与纵坐标重合（如图 2-1 中 O 点和 M 点之间的连线所示），那么，这意味着不管价格如何下降，市场需求量仍然为零。这意味着，该专利产品是完全没有市场需求的，从而专利的价值为零①；又如，如果一个专利产品面临的市场需求曲线离原点很远，这意味着市场需求很大，人们愿意为该产品支付较高的价格。

进一步地，专利产品自身具备的效能决定了市场需求的大小。如果有两个类似的产品，不妨将它们具备的效能特征用两个效能向量（x_1，x_2，…，x_n）和（y_1，y_2，…，y_n）来分别表示。在此基础上，可以构造出一种独特的效用函数，即效能向量对效用水平取值的映射。于是，这两个产品的效用

---

① 这种对实际市场需求状态的分析和预测，可能正是一些专利价值评估方法所忽视的。在目前采用的一些专利价值评估方法中，似乎鲜有给出价值为零的评估结果的，这实际上先验地认为所有的专利产品都能有市场需求。

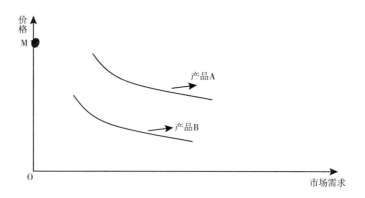

图 2 - 1　产品效能对其市场需求的影响

函数形如 $U_A = UQ_A$ ，（x_1 ，x_2 ，…，x_n）和 $U_B = UQ_B$ ，（y_1 ，y_2 ，…，y_n）。其中，Q_A 和 Q_B 分别是对产品 A 和产品 B 的消费数量。如果 A 产品的某个分量取值比其所对应的 B 产品的分量的取值大，而其他分量在取值上都相等，那么，A 产品带给消费者的满足程度或者效用水平就更高。也意味着，人们愿意为购买 A 产品比 B 产品支付更多的钱。在此基础上，可以分别画出产品 A 和产品 B 的市场需求曲线。A 的需求曲线的位置高于 B。在微观经济学中，产品的市场需求状况影响着企业的定价和产量决策，而本书分析显示，对产品的市场需求又进一步地受到产品自身的效能特征的影响。

与传统微观经济学教科书中介绍的效用函数相比，上述效用函数直接将产品或技术的效能特征与其带给消费者的满足程度对应起来。而传统的效用函数通常仅考虑消费者所消费的商品数量和种类对其效用水平的影响。这可能意味着一种经济学思维范式上的突破。现有本科生微观经济学教科书普遍采用的框架并不适合分析企业的创新和研发行为。例如，教科书在介绍企业的生产函数时，通常假定生产技术是既定的，或者将其作为单个参数引入生产函数或成本函数，于是，技术变革的经济学机制就这样被排除出去或抽象处理掉了；又如，某个商品的需求函数也被假定为既定的，换句话说，人们购买某种产品时愿意支付的最高价格也被认为是外生和既定的。但是，人们的支付意愿受到了产品的技术特征特别是效能特征的影响。技术创新能够使产品具备更佳效能，更好地满足消费者。也就是说，需求函数本身也是被技

术创新决定的。传统教科书将需求函数也设定为外生的，又一次将技术创新
排斥在外。

创新是经济活动的灵魂，而主流教科书却将其排除在外，这激起了国内
外一些有识之士的不满。这是全球经济学教育界共同面临的问题。瑞典学者
Johansson（2004）对欧洲大学里的经济学教材进行过词汇统计分析，发现
与创新创业等现实因素密切相关的词汇非常稀少。同时，研究生们学习过程
中所接触的理论在很大程度上忽视了解释经济发展的主要因素——创新以及
影响创新的制度性因素。这导致被培养出来的年轻经济学者们在分析现实问
题时往往抓不到要害，进而导致很少有兴趣参与政策辩论。Calmfors（1996）
指出，经济学教育集中于数理和统计方面，导致被评为优秀的学生不擅长分
析现实问题，同时对现实问题感兴趣的学生又很难在学习中脱颖而出。进
而，Lindbeck（2001）呼吁，社会需要的是既能驾驭数学工具又能研究重要
现实问题的"会两条腿走路"的经济学家。①

可见，经济学教育要获得新的生命力，就必须能够很好地阐释创新。在
未来，学生们所接受到的经济学范式应该是一个能很好地理解创新活动的范
式。那么，该如何构建起这个范式呢？仅仅将技术创新作为一个能扩大资本
或劳动的产出数量的参数引入生产函数，或者仅仅将技术创新作为一个能降
低成本的参数引入成本函数，或者仅仅将技术创新视为产品种类的增加，或
者仅仅将技术创新视为产品耐用年限的提高，都是为了理论分析而进行的简
化处理。为了帮助学生从象牙塔走入在创新过程中不断动态发展的现实世
界，有必要对技术创新进行更加贴近现实的理论构造，例如，直接将新产品
的生产成本和消费者效用设定为一系列效能特征的函数。这样的构造不仅有
助于同时考虑新产品对生产行为和消费行为的影响，而且，有助于对不同技
术和产品进行详细的比较。这种详细比较的功能是那些将技术创新简化为一
个抽象的参数引入生产或成本函数中的做法所不具备的。其作用类似于让创

---

① 朱全涛、吴欣望：《在经济管理专业中开展专利相关教育的思考——一种在高校开展创新创
业教育的有效方式》，《北方经贸》2014 年第 2 期。

新领域的研究者们拿着放大镜来鉴别、比较和分析不同技术和产品的独特特征。这样，有助于对消费者是如何评价不同产品的以及生产者是如何选择新技术研发的等一系列问题进行更详尽的分析。

二 从效能角度理解企业的市场势力

效能不仅决定了市场需求曲线的位置或者说消费者的支付意愿，而且，还决定了一个企业会怎样受到该企业的竞争者决策的影响。在经济学中，市场结构被分为完全竞争、完全垄断、垄断竞争和寡头竞争四种类型。前两种类型的市场结构主要是理论构建，而现实生活中常见的是后两种类型。传统观点认为，在垄断竞争和寡头竞争这两种类型的市场结构下，一个企业面临的市场需求曲线会由于竞争者的个数增减和价格调整等行为而发生变动。笔者认为，一个企业面临的市场需求曲线还会受到其竞争者采用的新技术或新产品的效能影响。一个企业推出的新产品越具备效能上的优势，就越能分流消费者，对其他企业造成的冲击就越大。可以说，企业对消费者的竞争，不仅仅是在价格上进行竞争，而且是在所开发产品的效能上进行竞争。那些给企业带来竞争优势的效能，如果能够被专利制度有效地保护起来，便能形成相对持续的竞争优势，使其拥有强大的市场势力，并带来相对持久的垄断租金。

图2-2是某企业的需求曲线。即便该企业不改变自身所生产的产品的属性，但若竞争对手开发出更能迎合消费者的产品，或者对现有产品进行改良使其具有更佳效能，那么，通常该企业的消费者会被分流走一部分，这导致企业面临的需求曲线位置向内移动；相反，如果竞争对手不改变其产品的属性，但该企业对产品进行改良使其具有更佳效能，那么，通常该企业会从竞争对手那里吸引过来一些消费者，或者开发出新的消费者，这会使企业面临的需求曲线位置向外移动。而根据垄断竞争厂商和寡头厂商的利润最大化决策原理，需求曲线的变动会直接影响到企业对最优价格和最优产量的选择。

这种竞争方式似乎比较贴近现实。例如，当一家企业推出具有突出效能的新产品后，其他企业将不得不通过各种促销方式或者降价来挽留消费者。

为了夺回消费者，其他企业也可以通过研发来提升自身产品的效能。技术和产品正是在这个互动的竞争过程中实现升级的。这是一种非价格竞争的方式。在考察企业之间的竞争时，这种围绕效能展开的技术竞争应该受到至少和价格竞争同等程度的关注和重视。这有助于理解现实世界中技术和产品的动态演变过程。

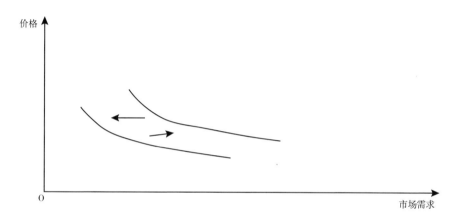

图 2 - 2　竞争者产品效能变动的影响

　　根据 TRIZ 理论，在一种新产品从其诞生到衰退的生命周期中，描述其效能的参数呈现出 S 形的特点。图 2 - 3 中的 S 形曲线展示了技术性能参数变化的这一特征。在产品诞生初期，其性能参数的取值比较低，这意味着使用新诞生的产品并不方便。例如，最初的汽车构思是以蒸汽机作为动力装置，速度很慢，单次能跑的路程也比较短。但是，随着人们围绕提高速度展开一系列研究，汽车的速度经历了加速上升、小幅上升和最后趋于平缓的过程。不过，在整个生命周期内，产品效能整体上是一直在提升的。推动效能参数持续提升的背后力量就是企业对利润的追求和相互之间的竞争压力。

　　可以从垄断竞争的视角来理解和评估那些并没有被投入实际应用，但对企业而言具有防御价值的专利。例如，Lego 公司拥有一批玩具领域的专利，从而可以从容地从中选择推出一批市场前景可观的专利，将其投入生产。[①]

———————————

　　①　IPscore manual，http：//www. epo. org/searching - for - patents/business/ipscore. html.

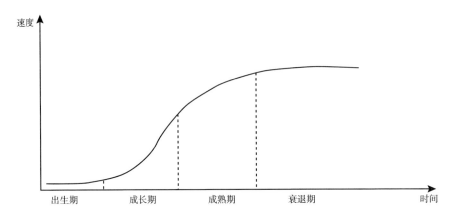

图 2 - 3 描述效能演变特征的 S 形曲线

在这种情况下，尽管存在一些没有被实施的专利，但这些专利仍然对企业的收益有贡献。这可以借助微观经济学中的垄断竞争理论来理解。

在垄断竞争行业里，存在多个企业，尽管各个企业生产的产品不一样，但在市场上相互之间存在一定（但并不完全）的替代性。这意味着，某个企业对产品降价，会增加其产品销量，但其他厂商却仍然能够吸引住一些偏爱其产品的消费者。如果一个企业率先进入某个行业并取得可观利润后，会吸引其他进入者进入该行业。这些新的进入者通过生产具有差异化的同类产品，分走先进入厂商的一部分市场份额。从理论上讲，只要进入该行业是有利可图的，就会有新的厂商进入，直到该行业中所有厂商仅能获得正常利润，即达到超额利润为零的长期均衡状态。

为了摆脱这种超额利润为零的陷阱，垄断竞争厂商会采取质量改进、售后服务等措施。这些措施会提高消费者对自己产品的评价和依赖，减少其他厂商生产的产品对自己产品的替代性。从本质上讲，处于垄断竞争行业里的目标厂商的利润取决于该行业中其他厂商产品对目标厂商产品的替代性。Lego 公司采取的收集专利的做法，就是通过减少其他厂商对本行业内相关专利的实施，使 Lego 公司自己推出的产品在市场上缺乏替代品，避免由于替代品数量增加导致自身利润下降。

就 Lego 公司的这种情形而言，在对其专利资产中那些没有实施但却阻

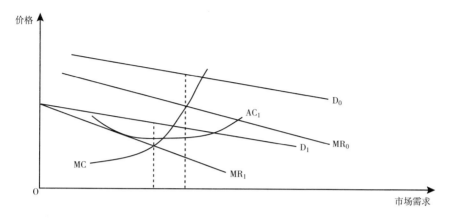

图 2-4 企业专利资产中未实施专利对企业利润的贡献

止了竞争者的专利进行评估时，就需要对这些未实施专利在多大程度上增强了现有产品的市场力量进行估算。如图 2-4 所示。D_0 和 MR_0 分别表示某个可以被用来生产替代品的专利被目标厂商拥有时的市场需求曲线和边际收益曲线，D_1 和 MR_1 则分别表示该专利被其他竞争厂商拥有且投入生产时的市场需求曲线和边际收益曲线。相对后一种情形而言，在前一种情形下，目标厂商的市场需求更大，制定的价格更高，获得的垄断利润也更多。这两种情形下的垄断利润的差额，就是企业专利资产中未实施专利对企业利润的贡献额度。这成为对那些未实施专利进行价值评估的依据。所谓阻止性专利或防御性专利，就是那些本身不被实施但却仍然被权利人持有和维护的专利，这些专利并非没有价值，其价值的根源就在于能够增加企业对现有产品的定价能力。一些专利估值软件如 IPscore 专门考虑了防御性专利的估值问题。此处的分析为防御性专利的价值评估提供了经济学依据。

三 从效能角度理解研发决策

在现实生活中，企业管理者会面临一些对产品进行性能改良的提案。摆在管理者面前的一个问题是，是否有必要对产品进行改良？哪些改良方式是值得尝试的？哪些又是不值得考虑的？笔者认为，在做出这些决策时，管理者需要对效能提升带来的收益和为获取这些效能付出的代价进行权衡。

效能提升带来的收益主要体现为需求曲线的变动。当企业对某个产品进行改良时，通常意味着提升产品的某些效能特征，使其给消费者带来更大程度的满足。不过，天下没有免费的午餐，为了使产品效能得到提升，不仅需要对生产工艺进行调整（这意味着企业的生产函数进而成本函数都会发生变化），而且还需要在投入生产前付出一些研发费用。这些都是为获得效能上的改进而付出的代价。

经济学所设想的理性管理者进行决策的逻辑应该符合以下原则。首先，他要对效能改良导致的需求曲线和边际收益曲线的变化进行估计。其次，他要对生产工艺调整前后的成本函数进行估计，并且在此基础上估计出边际成本和平均成本。再次，他需要根据边际收益等于边际成本的原则，分别计算出改良前后的产品的最大化利润，并对改良前后的利润进行比较。最后，对研发成本进行估算。如果改良导致的增量利润大于研发成本，则该改良是可以考虑的。否则，则不应该给予考虑。这套原则不仅适用于产品效能改良，而且也适合考虑是否用新产品取代旧产品（或产品升级换代）时的研发决策。

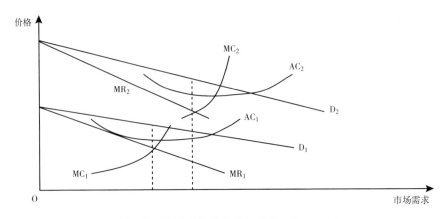

图 2-5　是否提升产品效能的研发决策价格

图 2 - 5 中，D₁ 和 D₂ 分别代表第一个改良项目和第二个改良项目导致的需求曲线，MC₁ 和 MC₂、MR₁ 和 MR₂、AC₁ 和 AC₂ 分别代表第一个改良项目和第二个改良项目导致的边际成本、边际收益和平均成本。不同项目所面临的收益和成本曲线不同，最终导致了利润的差别。企业会选择利润最大的技术方案来进行改良。

四　考虑效能信息的企业技术选择模型

如上所述，尽管在当前经济学专业普遍采用的教学体系中，对企业这一微观经济主体的介绍多局限于假设市场需求、生产技术、成本函数和市场结构既定的条件下，考察企业如何确定使利润达到最大，但实际上，效能的变动会导致市场需求、生产工艺和成本函数、市场势力都发生变化。

效能的变化是由技术变动引起的。下面构建一个分析厂商如何通过选择技术来实现利润最大化的决策。这里的"厂商"，可以是某个具体产业内的制造商，它选择适用于本产业使用的技术，以便在本产业内获得更大的市场份额或附加值。"厂商"还可以是侧重对技术投资的风险投资机构。风险投资机构的投资决策不仅仅是筛选企业，更是筛选技术。如果风险投资机构定位于某个具体行业如医药行业，那么，其主要从医药类技术中做出选择；如果定位于所有行业，则是从各个行业中选择最具盈利前景的企业来投资。可以说，下面的技术选择基本模型既适用于描述生产型厂商的技术选择，也适用于描述风险基金等关注技术的投资机构的技术选择。

在构建最优技术选择模型之前，先回顾一下传统微观经济学教科书中的利润最大化模型。传统模型关注的是在怎样的产量上进行生产，才能实现最大化利润。这一最优化问题的决策变量是产量。用公式表述如下：

$$\pi = \max_q R(q) - C(q) \qquad (2-1)$$

π 为利润，q 为产量，$R(q)$ 为收益函数，$C(q)$ 为成本函数。

使利润最大的产量水平位于生产最后一单位的边际成本等于边际收益的水平上。由于不同市场结构下的边际收益不同，因此，不同市场结构下的最优产量也有所不同。

进一步地，如本章前几节所表明，生产既定数量产品时所能获得的收益、所耗费的成本和企业的市场势力都与所采用技术的效能有关。不妨将技术表述成一组描述效能的特征的向量，如下所示：

$$E = (e_1, e_2, \cdots, e_n) \qquad (2-2)$$

将其引入传统的利润最大化问题中，便得到了以下形式的最优技术选择模型：

$$\pi = \max_q R(E, E^*, q) - C(E, q) \qquad (2-3)$$

其中，E^* 是行业内其他企业所使用技术的效能特征向量，影响着目标企业从市场中获得的份额和收益。但目标企业的成本主要受自身技术特征而非行业内其他企业技术影响。

上式中，决策变量仍然是 q。不过，可以直接对上式求解，得到最优产量满足下式：

$$MR(E, E^*, q^o) = MC(E, q^o) \qquad (2-4)$$

进一步地，可以直接将最优产量写成效能向量的函数：

$$q^o = q(E) \qquad (2-5)$$

上式说明，企业的最优产量其实就是由技术的效能特征最终决定的。此时，企业的最优利润为：

$$\varphi = R(E, E^*, q(E)) - C(E, q(E)) \qquad (2-6)$$

最大化利润可以直接写成如下技术效能特征的函数：

$$\varphi = \varphi(E, E^*) \qquad (2-7)$$

这意味着，企业的利润追根溯源是由技术的效能特征决定的。选择具有不同效能特征的技术，决定了企业获得利润的大小。

既然利润受到技术的效能特征的影响，那么，最理想的技术应该具有怎样的特征呢？为了分析这一问题，我们构造一个以技术效能特征向量为决策变量的最优化问题，该最优化问题的目标函数如下所示：

$$\rho = \max_{E} \varphi(E, E^*) \qquad\qquad (2-8)$$

进一步地，技术的选择受到了科技发展水平的约束。技术可以来自企业内部研发，也可以通过向外部购买获得。我们用 T 表示所有已经诞生了的技术的集合。专利文献库集中了大部分新诞生的技术的信息，从而是主要的技术信息来源，构成了 T 的主体。那么，企业的最优技术选择问题可以被概括成以下最优化问题：

$$\max_{E} R(E, E^*, q(E)) - C(E, q(E))$$
$$st \cdot E \in T \qquad\qquad (2-9)$$

这一最优化问题把技术选择摆在了企业决策的核心地位。在这个考察技术选择的基础模型中，传统微观经济学教科书中的最优产量选择沦为附属的、次要的问题。一旦技术确定下来，最优产量就自然可以确定下来了。那么，使利润最大化的最优技术应该满足什么样的条件呢？从理论上讲，它应该同样满足边际收益等于边际成本的条件。从决策角度讲，应该同时考虑技术的效能特征对企业的收益、成本和市场势力的影响。这构成了本书所关注的主要方面。从决策所使用的技术工具看，对效能的分析涉及关于向量空间的最优化计算。这是未来的一个研究方向。而且，随着大数据时代的来临，当人们可以方便地获得丰富的数据并拥有轻松处理庞大数据的能力时，这一研究会具有实际应用价值，例如，可以使针对新技术构思的筛选和评价等决策问题变得既精确又简单，极大地提高技术创新过程自身的效率。

本章的分析有助于在现有的微观经济学标准体系中进一步打开"技术创新"这一黑匣子。尽管技术创新是理解经济发展和社会变迁的关键因素，但目前，大学生们在学习微观经济学这一基础课时，生产技术被假定为外生不变或者被进行简化处理，于是，技术创新这一关键因素就被忽略或高度抽象掉了。这导致学生们在理解现实世界时处于雾里看花的状态。本书尝试将反映新技术的市场特征的关键信息－效能信息－引入微观经济学的主流分析框架中，希望能有益于经济学背景的读者进一步理解技术创新在各类经济组织的日常经济决策中所扮演的角色。

第三章　对专利效能信息进行分析的可视化工具

一　将效能信息引入现有专利地图中

将效能信息引入现有的专利分析工具中，有助于提高决策的合理性和准确性。在第一章的最后，在讨论对专利效能信息进行分析的必要性时，曾经以将效能信息引入传统的专利技术功效矩阵为例，初步展示了将专利效能信息引入传统分析工具的必要性。在传统的技术功效矩阵中，如果某个位置上的专利个数很多，则该领域被视为潜在的规避领域。然而，从效能上看，假如这些数目众多的专利并没有产生非常显著的效果。那么，就依然是一个需要重点研发的领域，而且意味着已有的专利揭示出的是一批并不太成功的技术方案，如果需要设计出具有重大突破意义的新方案，就需要突破现有的思维范式和引入新的方法；相反，在传统的技术功效矩阵中，如果处在某个技术功效位置上的专利个数虽然少，但这些少量的专利已经取得了显著效果，从而效能取值会相对大，那么，进一步进行重大突破的可能性会相对小，更适合围绕现有的关键技术进行改良。如果其他人已经围绕关键技术进行了充分布局，则没有必要再对该领域投入研发资源了。可见，如果将技术的功效所产生的效果考虑进来，会给研发者提供截然相反但可能更合理可行的技术研发建议。在传统功效矩阵中，只考虑是否具备某种效能，把微小效能和重大效能同等处理，容易夸大或低估绕过技术壁垒的难度。将技术功效进行量化后，有助于改进决策。

不仅在传统的技术功效矩阵中引入效能信息可以得到更加丰富的结论，而且，将效能信息引入各类图形分析工具中也有助于让决策更加方便或者合理。几乎在每一种被用于专利分析的可视化分析工具中，都可以引入专利效能信息。从统计学上讲，能够有多少种绘图方法，就几乎会有多少种引入效能信息的地图。

这里，以陈旭等（2014）设计的领域、技术、功效和专利四合一的专利地图为例进行讨论。[①] 在对该图进行简化处理的基础上，引入了专利效能信息。图 3 - 1 和图 3 - 2 分别是针对两家 LED 灯具生产企业绘制的专利效能分布图。图 3 - 1 展示，企业 A 拥有的专利数量为 5 个。专利效能分布特征是，1 项专利能够将单位生产成本降低 15%，2 项专利能够节省 10% 的能耗，1 项能够缩短 2% 的生产时间，1 项能够使得安装更加方便从而节省 5% 的安装时间。

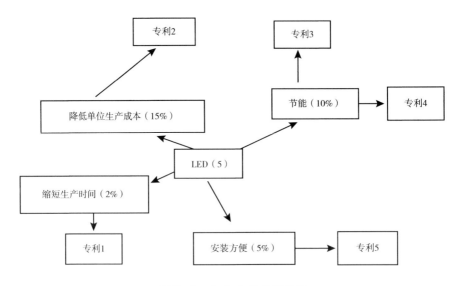

图 3 - 1　企业 A 的效能分布

① 陈旭、冯岭、刘斌、彭智勇：《基于技术功效矩阵的专利聚类分析》，《小型微型计算机系统》2014 年第 3 期。

　　企业 B 的专利效能分布如图 3 - 2 所示。企业 B 的专利效能分布特征是，两项专利能够将单位生产成本降低 10%，1 项专利能够节省 12% 的能耗，1 项能够减轻 5% 的产品重量，两项能够使得安装更加方便从而节省 5% 的安装时间。

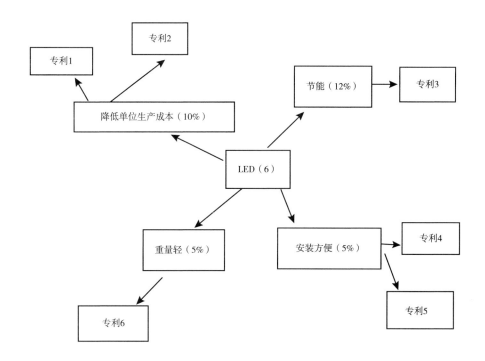

图 3 - 2　企业 B 的效能分布

　　对这两张图进行比较，不难发现，企业 A 更加注重在降低单位生产成本上下功夫。而企业 B 则注重在改善消费者体验上下功夫，致力于开发重量轻、节能的技术。两者对提高安装的便利程度的重视度旗鼓相当。在专利效能定位上的差异，决定了两家企业的新增利润来源有所差异。为了获得理想的利润，企业 B 有必要加大对自身产品在节能效果和轻巧上的宣传。而企业 A 则侧重于通过降低价格来吸引更多消费者，以增加利润。雷达图是简单常用的可视化分析工具。图 3 - 1、3 - 2 中的信息也可以用图 3 - 3 所示的雷达图展示出来，并得到类似的结论。

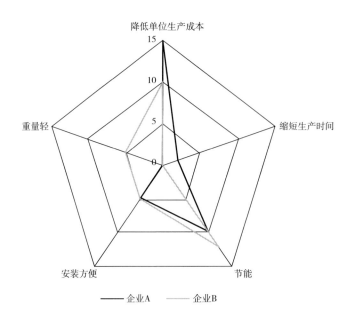

图 3－3　对不同企业的专利效能进行比较的雷达图

对融入了效能信息的技术功效矩阵也可以采用雷达图进行分析，如图 3－3 所示，这有助于对各个技术环节对产品效能的贡献幅度进行一目了然的比较。表 3－1 中的技术效能矩阵展示了某个 3D 打印机器生产企业各个技术环节的专利所具有的效能效果，图 3－4 则简约地展示了矩阵中的关键信息。

表 3－1　专利技术效能矩阵

功　效 技　术	提高打印速度	减少变形	减少气泡	提高稳定性	减少能源消耗	减少重量	提高寿命
打印喷嘴	60	28	111	84	80	45	22
静电粉末涂撒工艺	92	58	37	60	70	34	11
成型技术	102	56	67	54	60	21	33
运动控制装置	71	52	47	89	67	53	44

也可以在鱼骨图中引入效能信息，对专利组合的效能特征形成直观的认识。如图 3－5 所示。鱼头代表专利技术的使用者或消费者所体验到的专利产品带来的便利感或满足感。这种满足感体现在能够降低 20％ 的生产成本、

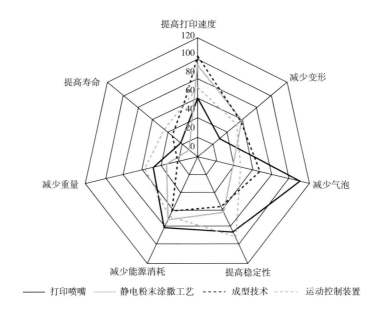

图 3－4　用雷达图展示技术效能矩阵的关键信息

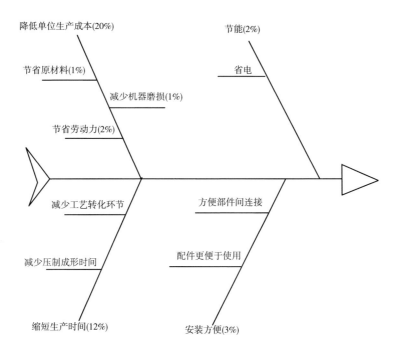

图 3－5　引入效能信息的鱼骨图

节省 2% 的电能消耗、缩短 12% 的生产时间和省下 3% 的安装时间。这四个方面的效能分别表现为四根大刺。进一步地,四根大刺上又附有若干小刺。例如,之所以能够降低 20% 的单位生产成本,是由于节省了 1% 的原材料、2% 的劳动力、减少了 1% 的机器磨损程度。

为了便于对专利技术进行量化处理,可以将专利技术当作具有多个维度的向量进行处理。在构造效能向量时,可以将某个领域内的技术按照其具有的功能拆分为多个元素,如结构紧凑、操作方便、降低磨损、密封性好、热效率高、装卸方便、安全性好、耐腐蚀、精度高、寿命长、更环保、稳定可靠、成本或价格低等,在此基础上形成一个多维向量。在这个多维向量中,一个专利构成一个样本,如果该专利具备某种功效,则取值为 1,否则取值为 0。然后,可以对这些向量进行聚类分析,得到聚类图。进一步地,如果能够将反映功效特征的字段提取出来,那么,就可以得到诸多反映功效的维度,就可以使用绘图软件得到反映功效分布的专利地形图。[①] 在写作本书时,笔者发现德温特专利分析系统已经开始提供基于上述原理的专利地形图,分析者可使用德温特的用途(USE)字段进行分析,绘制出如图 3 - 6 所示的功效地形图。

不过,上述基于 0~1 赋值的图形在用途上依然受到限制。德温特专利功效分布图本质上也是基于 0~1 赋值的。一个改进的方向就是对功效进行测量,并用测量出来的效能值替代粗略的 0~1 赋值。然后,在此基础上进行绘图和分析。下面,就介绍这种建立在多重赋值基础上的专利地形图的构建思路、方法和案例。

二 构造基于客户认知的专利地形图的基本思路

"效能"一词包含两个层次的含义:一个层次的含义是该技术是用来做什么的,即具有什么样的作用,如"将壳打开";另一个层次的含义是将壳

---

① 吴欣望、朱全涛:《专利效能地图的构建与应用》,《建材世界》2012 年第 4 期。

打开的效果如何，例如，将壳打开时，使用的时间短、耗能少、壳内肉的完整性好、毒害作用小、操作简单，等等。本书基于专利效能特征来构建专利地图的一个思路是，首先，将某领域技术按照其具有的功能分拆为安全性好、更环保、操作方便、降低磨损、结构紧凑、密封性好、热效率高、装卸方便、耐腐蚀、精度高、寿命长、稳定可靠、成本或价格低等多个维度，形成一个多维向量；其次，针对单个专利的技术特性，以该行业领先企业所实施的同类现有技术为参照，对该专利的功能向量赋值。赋值时有两种处理办法，一种办法是采用 0~1 变量赋值；另一种办法是采用连续数字进行赋值，若该专利的某项功能（如使用寿命）与实施的现有同类技术中最强或者现行主流技术相比，旗鼓相当，则赋值为 1；若完全不具备该功能，则赋值为 0；如果具有 60% 的功能，则赋值为 0.6；如果超越了该功能，则取值可以大于 1，如此等等。这样就形成该领域专利的功能数据库；最后，使用聚类分析等方法和现有的专利地图绘制工具对专利功能数据库进行分析，绘制出基于生产者和消费者的感受和评价的专利地形图。下文称这种地图为"基于市场认知的专利地形图"。

这样绘制出来的专利地图，能够让人们了解某个行业或企业的专利组合的功能分布。基于市场认知的专利地形图对企业战略制定的作用特别显著。将一个行业内的主要企业的基于市场认知的专利地图进行对比分析，可以看出竞争对手是从哪些方面来迎合消费者，满足消费者需求的；竞争对手在市场竞争中的竞争优势是什么，劣势是什么；不同企业的市场定位有何差异，等等。这样，企业管理层在制定技术战略和营销战略时就更有针对性了。

不管是想从竞争对手那里取长补短的企业，还是想实行差异化战略的企业，都可以借助基于市场认知的专利地形图更好地实现自己的目的。对想取长补短的企业而言，在制定技术战略时，可以取长补短，若发现对手的优势集中在寿命长，本企业就可以通过开发延长现有产品寿命的技术克服技术劣势；相应地，在制定营销策略时，可以有针对性地从竞争对手那里赢得一部分看重产品使用寿命的客户。进一步地，为了开发延长产品寿命的技术，还可以参考专利功能数据库中"延长寿命"取值较高的技术来从事新技术的开发。这样，企业可以从竞争对手那里夺取一部分市场份额。

对实施差异化战略的企业而言，可以借助基于市场认知的专利地形图来有意识地实现差异化的市场定位，避免产品雷同导致的价格战和低利润陷阱。在了解本行业内各企业的战略定位、市场定位和技术定位后，企业可选择适当的技术组合，拉开与其他企业的距离。只要各企业的技术组合在功能向量各维度上的取值并不相等（单个企业在各个维度上通常不可能都占绝对优势），企业最终形成的就是差异化的技术战略和差异化的市场定位。专利组合的功能向量之间的距离越大，差异性就越大。

可见，基于市场认知的专利地形图是为制定整个企业的战略规划和市场定位服务的，而不仅仅是服务于企业的研发战略。借助基于市场认知的专利地形图，企业可制定有利于企业长远发展的整体战略，并通过制定一整套研发方案、营销方案，来落实整体战略。例如，企业可能会发现自己在多个方面如更环保、操作方便、装卸方便、寿命长、稳定可靠等多个方面不如竞争对手，于是，便可重点进行这几个方面的研发，并采取相应的营销和客户锁定策略，开拓市场。

这种特殊的功能决定了基于市场认知的专利地形图的使用者并非仅仅是研发人员。它更主要的对象是企业总经理等战略制定者。借助基于市场认知的专利地形图，企业总经理可以对企业战略重新规划和定位，并组织研发人员、营销人员和生产部门来实施该战略规划。

基于市场认知的专利地形图的特殊功能决定了它可被企业用于多种用途。就兼并重组而言，借助基于市场认知的专利地形图，企业可以对自己的兼并行为的后果有更明确的判断。如果被兼并对象在技术定位、市场定位和战略定位上与自己差别不大，那么，兼并的主要目的就是为了获取生产上的规模经济和减少价格竞争；如果被兼并对象在技术定位、市场定位和战略定位上与自己差别很大，那么，兼并的主要目的就是为了实现产品多样化，或满足更多类型的社会需求，这意味着兼并后的企业需要对自己的品牌重新定位。

三 绘制基于客户认知的专利地形图时涉及的
数学原理和软件实现步骤

（一）绘制专利地形图的数学原理

假设有 n 个技术，每个技术有 m 个性能特征。对每个特征赋值后可得到一个 n 行 m 列的矩阵，记为：

$$A_{n \times m} = \begin{pmatrix} a_{11} \cdots a_{1m} \\ \vdots \quad \vdots \\ a_{n1} \cdots a_{nm} \end{pmatrix} \tag{3-1}$$

该矩阵的转置矩阵为 $A'_{n \times m}$。乘以它自身，成为一个 m 阶对称方阵。接下来，为了绘出专利效能地形图，要经历以下步骤。

（1）对该 m 阶对称方阵进行分解：可将该对称矩阵分解成一个正交矩阵 $O_{m \times n}$ 乘以特征值构成的对角阵 $\lambda_{n \times n}$ 再乘以正交矩阵的转置 $O'_{m \times n}$。

$$A'_{n \times m} A_{n \times m} = O_{m \times n} \lambda_{n \times n} O'_{m \times n} \tag{3-2}$$

其中，矩阵 $\lambda_{n \times n}$ 对角线上的各个元素按照大小排序依次为 $\lambda_1 \geqslant \lambda_2 \geqslant \cdots \geqslant \lambda_n$。

（2）取最大两个特征值 λ_1 和 λ_2 所对应的特征向量，它们是 $O_{m \times n}$ 的第一列或者 $O'_{m \times n}$ 的第一行。根据 $O_{m \times n}$ 是正交矩阵的性质，这两个特征向量相互垂直正交。将这两个特征向量分别记为 O'_{m1} 和 O'_{m2}。

（3）把 n 个样本中的每一个都分别与这两个特征向量或矢量做内积，得到一个值。

矢量的内积可以根据其以下定义求出：

$$O'_{m1} \cdot a'_{im} = \sum_{k=1}^{m} O'_{k1} a'_{ik} \tag{3-3}$$

$$O'_{m2} \cdot a'_{im} = \sum_{j=1}^{m} O'_{j2} a'_{ij} \tag{3-4}$$

同时，根据以下公式，内积的几何含义就是各个样本在所乘的那个矢量 O'_{m1} 或 O'_{m2} 上的投影的值：

$$O'_{m1} \cdot a'_{im} = |O'_{m1}||a'_{im}|\cos\theta \qquad (3-5)$$

$$O'_{m2} \cdot a'_{im} = |O'_{m2}||a'_{im}|\cos\omega \qquad (3-6)$$

其中，根据正交矩阵的性质，$|O'_{m1}|$ 和 $|O'_{m2}|$ 取值均为1。如图3-6所示。

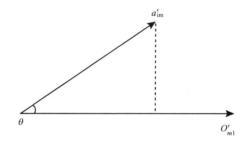

图 3-6 向量的几何含义

（4）以正交的两个特征向量画出一个垂直的坐标轴。样本在两个坐标轴上的投影就是样本的横坐标和纵坐标。这样，可以得到各个样本在二维平面上的坐标，并据此画出各样本在该平面上的投影。

（5）用聚类分析分类。

（6）用聚类分析分类后，还要对各类别求重心，求各观察样本到其所在类的重心的距离，取其负值，将其定义为对应观察样本的 z 值。接下来，要利用（z，x，y）三维坐标画等高线图。

（二）利用 STATA 软件绘图的软件实现步骤

利用 STATA 软件绘图的步骤可分为三步。第一步是做因子分析，确定两个主成分矢量。这两个矢量是垂直的，构成了坐标系（x，y）。将各个观察样本在这两个矢量所确定的平面内投影，得到了各个样本的坐标值；第二步是做聚类分析进行分类。然后对各类求重心，求各观察样本到其所在类的重心的距离，取其负值，将其定义为对应观察样本的 z 值；第三步是利用

（z，x，y）三维坐标画等高线图。具体实现过程如下。

（1）点击菜单 statistics/multivariate analysis/cluster analysis/cluster data/ 后，选择具体的聚类计算方法、设定聚类所依据的变量和设定类别个数后，按确定，便得到了聚类结果。聚类结果用一个新生成的用来标注各个样本的类别的变量表示。如果不人为设定这一类别变量的名称，那么，系统自动取名为"_ clus_ 1"。该变量取 1 或 2，表示样本分别属于第 1 类或第 2 类。聚类完成后，如果点击主菜单下方的 data editor 图标，就会发现原始数据表多了一列变量，该变量名称正好是"_ clus_ 1"。

（2）选择命令"Factor analysis/correlation/factor analysis"后直接选择因子分析所依赖的变量的名称，按确定键后便得到因子分析的结果。注意，在分析前，要界定被用于因子分析的是哪些变量。在此处，就是用来描述专利效能的那 9 个方面的变量。因子分析的结果中，会从大到小地报告出九个因子所对应的特征根的取值。还会报告出各个因子的取值。将各个样本的取值与特征值最大的两个因子的取值进行内积运算，便得到了各个样本在两个因子上的投影或坐标值。

（3）输入命令"mean　if"对类别 1 和类别 2 中的样本分别取重心。分别计算第 1 类中的各个点到第 1 类的重心的距离和第 2 类中的各个点到第 2 类的重心的距离。为了绘制等高线，STATA 要求在距离前面取负号。根据距离取值使用"twoway/contourline"命令绘制等高线。

四　针对 LK 公司展开的案例研究

（一）获取 LK 公司的专利样本

LK 科技有限公司从事移动存储及无线数据解决方案产品的开发、生产和销售。目前该公司的主营业务是优盘等业务，在市场上也占据一定的份额。LK 面临诸多竞争对手，如驱逐舰、silicom 矽谷、OSCOO、LG、SanDisk、金士顿、PNY、爱国者、索尼、明基、纽曼、神州数码、东芝等。

以 NAND 型闪存为例，从技术性能上看，这些竞争主要体现在读取性能、写入性能、块容量、I/O 位宽、频率、制造工艺方面。

本案例选取 LK 公司 2005 年以来申请的发明专利和实用新型专利作为所考察的数据。获取样本数据的检索方式为，在检索条件"专利权（申请）人"一栏中，键入"LK 科技有限公司"，在检索条件"申请日"一栏中，分别键入"2005"、"2006"和"2007 to 2012"。检索到 2005 年当年申请的发明和实用新型专利，共计 13 条记录，其中发明专利 11 条，实用新型 2 条；检索 2006 年当年申请的发明和实用新型专利，共检索到 20 条记录，全部为发明专利；2007 年只有 4 项发明专利，没有实用新型专利，2008～2012 年则没有检索到任何专利。将一些与"移动存储"不相关的专利从样本中筛除后得到了 29 项发明或实用新型专利。本章附录展示了这 29 个专利的概况。

接下来，识别样本中各个移动存储专利所具备的独特效能。这样做的目的是为设定出能够从不同角度系统地描述移动存储专利的效能向量做准备，以便下一步给描述各个专利的效能向量赋值。下面举三个例子。

第一个例子是名称为"实现信息提示的半导体存储方法及装置"的专利。摘要部分对其优点的描述为"本发明与现有技术相比较，具有以下优点：不需了解存储数据具体内容便能真正辨别其合法持有人，不会造成不同用户的半导体存储装置之间的混淆；即使不和数据处理系统连接，也能了解半导体存储装置中存储的信息，对于拥有多个半导体存储装置的用户来说，不会引起混淆"。结合技术说明书和权利要求书的内容，专业人员判定该技术给用户提供的效能为：具有保密性，且便于管理所存储的内容。

第二个例子是名称为"数据交换及存储方法与装置"的专利。摘要部分的描述为"一种数据交换及存储方法与装置，涉及数据处理技术领域，用于实现在各种存储设备，包括作为外存储设备的移动存储盘和存储卡之间以及二者同数据处理系统主机之间交换数据，或者实现将从一方读出的数据存入所述三方之任何一方或两方，本发明装置自身具有数据处理能力，在所述装置不连接所述系统主机的情况下即可将外部存储设备中的数据存储到本发明的内部存储模块中或将本发明内部存储模块中数据存储到外部存储设备中，节约了成本，方便了用户"。专业人员判定该技术给用户提供的效能为：存储起来更方便，不用经过电脑。

第三个例子是名称为"用于数据处理系统的无线数据通信方法及装置"的专利。摘要部分的描述为"一种用于数据处理系统的无线数据通信方法，包括如下步骤：设置无线数据通信装置，在其内装可接收或发送数据信息的无线收发模块，以及控制所述无线数据通信装置的控制器模块和接口模块；建立该装置与所述数据处理系统之间基于串行或并行或无线通信接口的信息交换通道；所述无线数据通信装置将所述数据信息借助公用无线网络经无线收发模块发送或接收。与现有技术相比，具有无线上网功能，并具有适用范围广、随时在线、价格便宜及成本低廉等优点"。专业人员判定该技术给用户提供的效能为：新功能、适用范围广、随时在线、价格便宜及成本低廉。

在进行效能判断时，专业人员借助了专业知识。例如，如果某项专利涉及采用新的加工工艺或者新的原材料，那么，专业人员会对该工艺产生的效果进行具体分析。当制造工艺影响到晶体管的密度从而能够降低操作中的时间时，会被认为具有"提高文件运行效率"的效能；当制造工艺能够减少对材料的损害从而使其更耐用时，则被认为具有"延长硬件使用寿命"的效能。

通过对 29 个专利进行上述分析后，发现可以从 7 个方面来概括移动存储设备的效能特征。在此基础上，构建出描述移动存储设备效能的特征向量如下：

$$A = (a_1, a_2, a_3, a_4, a_5, a_6, a_7) \tag{3-7}$$

其中，a_1 代表方便地从更多介质中接收文件和输出文件；a_2 代表提高文件存储、管理和运行效率；a_3 代表找到新的使用依托或背景；a_4 代表提高文件的保密性；a_5 代表提高硬件的兼容性；a_6 代表提高文件的安全性或稳定性；a_7 代表延长硬件使用寿命。

（二）基于 0~1 赋值的地形图绘制与分析

从上述七个方面的效能入手，对各个专利进行分析，如果所考察的专利具备其中的某个效能，则取值为 1；如果不具备，则取值为 0。这样，得到了关于这 29 个专利的效能特征矩阵，如表 3 - 2 所示。

表 3 - 2　用 0 ~ 1 变量测量的效能值

专利编号	方便从更多介质接收和输出文件	提高文件存储、管理和运行效率	找到新的使用依托或背景	提高文件的保密性	提高文件的安全性或稳定性	提高硬件的兼容性	延长硬件使用寿命
1	0	1	0	0	0	0	0
2	0	0	0	0	0	0	1
3	0	1	0	1	1	0	0
4	0	1	1	0	0	0	0
5	1	1	1	0	0	1	0
6	1	1	0	1	1	0	0
7	0	1	0	0	1	0	0
8	1	1	1	0	0	1	0
9	1	0	1	0	0	0	0
10	1	0	0	0	0	1	0
11	0	0	0	0	0	0	1
12	0	1	0	0	1	1	1
13	1	1	1	0	0	1	0
14	1	1	1	0	0	0	0
15	0	1	0	0	1	0	0
16	0	1	0	0	0	0	1
17	0	0	0	0	0	1	1
18	0	1	0	1	1	0	0
19	0	1	0	0	0	0	0
20	0	0	0	1	1	0	0
21	0	0	1	0	0	1	0
22	0	0	1	0	0	1	0
23	0	1	0	0	0	0	0
24	0	1	0	0	0	0	0
25	0	1	0	0	0	0	0
26	1	1	0	0	0	0	0
27	1	1	1	0	0	0	0
28	1	1	1	0	0	0	0
29	1	1	1	0	0	1	0

　　为了绘制出地形图，首先要进行聚类分析。通过菜单实现聚类分析的做法是，点击菜单 statistics/multivariate analysis/cluster analysis/cluster data/后，

选择具体的聚类计算方法、设定聚类所依据的变量和设定类别个数后，按确定键，便得到了聚类结果。聚类结果用一个新生成的用来标注各个样本的类别的变量表示。如果不人为设定这一类别变量的名称，那么，系统自动取名为"_ clus_ 1"。该变量取1或2，表示样本分别属于第1类或第2类。聚类完成后，如果点击主菜单下方的 data editor 图标，就会发现原始数据表多了一列变量，该变量名称正好是"_ clus_ 1"。这一聚类任务也可以通过直接输入以下命令来实现：

. clusterkmeans a b c d e f g k（2）measure（L2）start（krandom）cluster name：_ clus_ 1

接下来，进行因子分析。选择命令 Factor analysis/correlation/factor analysis 后直接选择因子分析所依赖的变量的名称，按确定键后便得到因子分析的结果。表3-3的第2列展示了各个因子所对应的特征值的取值，从上到下按照取值大小进行排列。表3-4展示了前4个因子的载荷。要注意的是，在分析前，要界定被用于因子分析的是哪些变量。在此处，就是用来描述专利效能的那7个方面的变量。

表3-3　基于0~1变量的因子分析结果

Factor analysis/correlation			Number of obs　= 29	
Method：principal factors			Retained factors　= 4	
Rotation：（unrotated）			Number of params　= 21	
Factor	Eigenvalue	Difference	Proportion	Cumulative
Factor1	1.98	0.84	0.65	0.65
Factor2	1.13	0.68	0.37	1.03
Factor3	0.46	0.41	0.15	1.18
Factor4	0.04	0.13	0.01	1.19
Factor5	- 0.09	0.13	- 0.03	1.16
Factor6	- 0.22	0.06	- 0.07	1.09
Factor7	- 0.28		- 0.09	1

LR test：independent vs. saturated：chi2（21）= 56.75 Prob > chi2 = 0.0000

表3-4 基于0~1变量的因子载荷矩阵

Factor loadings(pattern matrix) and unique variances					
Variable	Factor1	Factor2	Factor3	Factor4	Uniqueness
var1	0.52	0.44	0.08	0.01	0.53
var2	-0.07	0.43	-0.37	0.11	0.66
var3	0.72	0.31	0.16	-0.01	0.36
var4	-0.65	0.39	0.29	-0.09	0.34
var5	-0.74	0.28	0.21	0.11	0.32
var6	0.44	-0.12	0.39	0.11	0.63
var7	-0.14	-0.65	0.08	0.05	0.55

接下来,对各个样本的观测值与特征值最大的两个因子的载荷取值进行内积运算,便可得到各个样本在两个因子上的投影或坐标值。具体命令如下:

. genf1 $= 0.5192 \times a - 0.0673 \times b + 0.7209 \times c - 0.6471 \times d - 0.7419 \times e + 0.4422 \times f - 0.1416 \times g$

. genf2 $= 0.4392 \times a + 0.4311 \times b + 0.3076 \times c + 0.3909 \times d + 0.2787 \times e - 0.1183 \times f - 0.6450 \times g$

为了计算等高线,对类别1和类别2中的样本分别取重心,如表3-5和3-6所示。命令分别为:

. mean a b c d e f g if _ clus_ 1 = =1

. mean a b c d e f g if _ clus_ 1 = =2

表3-5 基于0~1变量的类别1的重心

	Mean	Std. Err.	[95% Conf. Interval]
a	0.06	0.06	(-0.07,0.20)
b	0.75	0.11	(0.51,0.99)
c	0	0	0
d	0.25	0.11	(0.01,0.49)
e	0.44	0.13	(0.16,0.71)
f	0.13	0.09	(-0.06,0.31)
g	0.31	0.12	(0.06,0.57)

表 3 - 6　基于 0~1 变量的类别 2 的重心

	Mean	Std. Err.	[95% Conf. Interval]
a	0.77	0.12	(0.50,1.03)
b	0.69	0.13	(0.40,0.98)
c	0.85	0.10	(0.62,1.07)
d	0	0	0
e	0	0	0
f	0.54	0.14	(0.22,0.85)
g	0	0	0

　　然后，分别计算第 1 类中的各个点到第 1 类的重心的距离和第 2 类中的各个点到第 2 类的重心的距离。为了绘制等高线，Stata 要求在距离前面取负号。

　　. gen h1 = - (a - 0.06) ^2 - (b - 0.75) ^2 - (c - 0) ^2 - (d - 0.25) ^2 - (e - 0.44) ^2 - (f - 0.12) ^2 - (g - 0.31) ^2 if _ clus_ 1 = = 1

　　. gen h2 = - (a - 0.77) ^2 - (b - 0.69) ^2 - (c - 0.85) ^2 - (d - 0) ^2 - (e - 0) ^2 - (f - 0.54) ^2 - (g - 0) ^2 if _ clus_ 1 = = 2

　　最后，取 h1 和 h2 之和，记为 h。根据距离取值绘制等高线。命令为：

　　. two way (contour line h f2 f1, levels (6) colorlines)

　　该地形图显示，样本专利可以被分为两类。一类是那种既方便文件运行又有利于找到新的使用环境的技术；其他则被归为一类，且类别特征并不明显。

（三）基于连续赋值的地形图绘制与分析

　　由专业人员将各专利的效能与市场上主流产品所具备的同类效能进行对比后，进行赋值的结果如表 3 - 7 所示。这里采取了连续赋值的做法。所谓"连续赋值"，并不是说各个观测值之间是连续的，而是指各个观测

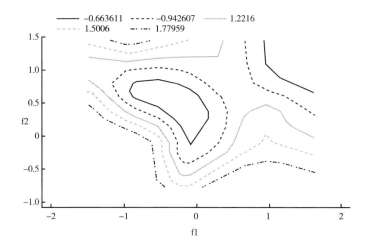

图 3 - 7　基于 0 ~ 1 变量的专利效能分布地形

值可以从连续的实数集中取出，并不仅仅局限于从 0 和 1 这两个数字组成的集合中取出。

表 3 - 7　基于连续赋值的效能值

专利编号	方便从更多介质接收和输出文件	提高文件运行效率	找到新的使用依托或背景	提高文件的保密性	提高文件的安全性或稳定性	提高硬件的兼容性	延长硬件使用寿命
1	0	3	0	0	0	0	0
2	0	0	0	0	0	0	2
3	0	5	0	1	1.5	0	0
4	0	6	4	0	0	0	0
5	2	2	2	0	0	3	0
6	3	3	0	1	1	0	0
7	0	4	0	0	1	0	0
8	2	2	4	0	0	5	0
9	3	0	2	0	0	0	0
10	2	2	0	0	0	2	0
11	0	0	0	0	0	0	5
12	0	0	0	0	1	4	2
13	2	1	2	0	0	2	0
14	2	5	2	0	0	0	0
15	0	3	0	0	1.5	0	0

续表

专利编号	方便从更多介质接收和输出文件	提高文件运行效率	找到新的使用依托或背景	提高文件的保密性	提高文件的安全性或稳定性	提高硬件的兼容性	延长硬件使用寿命
16	0	3	0	0	0	0	3
17	0	0	0	0	0	2	2
18	0	1	0	1	1.5	0	0
19	0	2	0	0	0	0	0
20	0	0	0	3	1	0	0
21	0	0	5	0	0	3	0
22	0	0	4	0	0	3	0
23	0	3	0	0	0	0	0
24	0	2	0	0	0	0	0
25	0	2.5	0	0	0	0	0
26	3	2	0	0	0	0	0
27	3	2	6	0	0	0	0
28	3	3	3	0	0	0	0
29	2	1.5	4	0	0	4	0

经过连续赋值后，样本间差异增大，使得依据效能进行的分类更为详细。从后文可以看到，基于连续赋值的地形图形状将更为清晰。同样，先要对这些样本进行聚类分析，将它们分为两类。命令为：

. clusterkmeans a b c d e f g, k（2）measure（L2）start（krandom）cluster name：_ clus_ 1

然后，进行因子分析，得到表3-8和表3-9。命令如下：

. factor a b c d e f g

表3-8 基于连续赋值的因子分析结果

Factor analysis/correlation			Number of obs = 29	
Method：principal factors			Retained factors =4	
Rotation：（unrotated）			Number of params = 21	
Factor	Eigenvalue	Difference	Proportion	Cumulative
Factor 1	1.62	0.67	0.62	0.62
Factor 2	0.95	0.33	0.36	0.98

续表

Factor 3	0.63	0.53	0.24	1.22
Factor 4	0.09	0.23	0.04	1.26
Factor 5	− 0.14	0.07	− 0.05	1.21
Factor 6	− 0.21	0.12	− 0.08	1.13
Factor 7	− 0.33	0	− 0.13	1

LR test：independent vs. saturated：chi 2（21） = 43.14 Prob > chi 2 = 0.0030

表 3 – 9　基于连续赋值的因子载荷矩阵

Factor loadings (pattern matrix) and unique variances				
Variable	Factor 1	Factor 2	Factor 3	Factor 4	Uniqueness
a	0.41	0.33	0.06	− 0.17	0.69
b	− 0.14	0.55	− 0.37	0.11	0.53
c	0.67	0.24	0.18	0.02	0.46
d	− 0.54	0.14	0.43	− 0.12	0.49
e	− 0.65	0.17	0.29	0.12	0.45
f	0.51	− 0.20	0.39	0.16	0.53
g	− 0.11	− 0.63	− 0.17	− 0.02	0.56

　　根据因子分析的结果，计算各个样本在取值最大的两个因子上的投影，即用这两个因子的载荷乘以各个样本的取值。具体命令如下：

. gen f1 = 0.41 × a − 0.14 × b + 0.67 × c − 0.54 × d − 0.65 × e + 0.51 × f − 0.11 × g

. gen f2 = 0.33 × a − 0.55 × b + 0.24 × c − 0.14 × d − 0.17 × e − 0.20 × f − 0.63 × g

　　接下来，分别计算类别 1 和类别 2 的重心，即取均值，得到表 3 – 10 和表 3 – 11。具体命令如下：

. mean a b c d e f g if _ clus_ 1 = =1

. mean a b c d e f g if _ clus_ 1 = =2

表 3 - 10　基于连续赋值的类别 1 的均值

Mean estimation			Number of obs = 18
	Mean	Std. Err.	[95% Conf. Interval]
a	0.44	0.25	(- 0.07,0.96)
b	1.97	0.36	(1.22,2.73)
c	0	0	(0,0)
d	0.33	0.18	(- 0.05,0.71)
e	0.47	0.15	(0.16,0.79)
f	0.44	0.26	(- 0.10,0.99)
g	0.78	0.34	(0.06,1.49)

表 3 - 11　基于连续赋值的类别 2 的均值

Mean estimation			Number of obs = 11
	Mean	Std. Err.	[95% Conf. Interval]
a	1.73	0.36	(0.93,2.53)
b	2.05	0.60	(0.71,3.38)
c	3.45	0.41	(2.54,4.37)
d	0	0	(0,0)
e	0	0	(0,0)
f	1.81	0.57	(0.55,3.09)
g	0	0	(0,0)

　　然后，分别使用以下命令计算两类样本中的各个观测值到两个重心的距离。命令如下：

　　. gen h1 = - (a - 0.44) ^2 - (b - 1.97) ^2 - (c - 0) ^2 - (d - 0.33) ^2 - (e - 0.47) ^2 - (f - 0.44) ^2 - (g - 0.78) ^2

　　. gen h2 = - (a - 1.73) ^2 - (b - 2.05) ^2 - (c - 3.45) ^2 - (d - 0) ^2 - (e - 0) ^2 - (f - 1.82) ^2 - (g - 0) ^2

　　最后，取 h1 和 h2 之和，记为 h。根据距离取值绘制等高线，得到图 3 - 9。命令为：

. two way（contour line h f2 f1，levels（6）colorlines）

图 3－8 显示，基于连续赋值的地形图形状更清晰，凸显出三个山峰。结合聚类分类的情况，认为效能集中在三个类别。第一类是侧重提高文件管理、储存和运行效率的专利；第二类是侧重找到新的使用环境的专利；第三类是侧重提高使用寿命、安全稳定性和兼容性的专利。可见，连续赋值后的结果与 0～1 赋值存在差别，且表现出更精细的特征。可以对各个山峰或聚类点的中心进行文字标注，山峰顶点处的取值通常是侧重某种效能的多种效能值的组合。

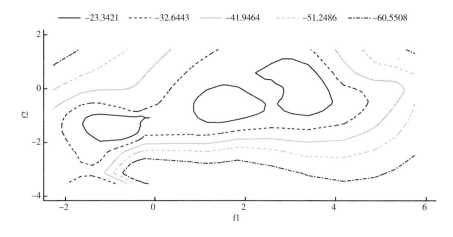

图 3－8　基于连续赋值的专利效能地形

上面介绍了实现基于专利效能的专利地图的原理、步骤，并结合个案画出了原始图形。但是，在没有现成软件的条件下，绘图需要耗费大量的人力、物力和财力。手工方式只是展示基本的原理、方法和步骤。为了让该分析工具被方便地运用于实践，还需要专业分析机构对其进行完善。这意味着，不仅需要有专门的识别软件来获取关于专利功效的字段，还需要实现软件和人之间的交互，以便通过人工方式对各种功效进行赋值。而赋值多少则取决于分析人员对产品和技术市场供求状况的判断。即便没有人机交互功能，也可以考虑将已经测量好的效能取值从外部导入现有的分析系统中。目前，在包括德温特专利分析系统的国外专利信息分析软件中，似乎还没有发现这种功能。中国国内专利信息分析系统的开发机构可以在这方面做出尝试，从这个环节入手，提高专利的技术分析和经济分析的融合程度。

除了上述地形图外，还可以对本案例采用其他可视化工具进行分析。使用不同工具分析的结论通常并不会有多大冲突。例如，表3–12所示的矩阵和表3–13所示的矩阵分别是本案例基于0~1赋值和连续赋值的技术功效矩阵，借助图3–9中的雷达图对表3–13中基于连续赋值的技术功效矩阵图进行分析后可发现，控制器组件的突出功能体现在提高文件运行效率上，I/O组件的突出功能则体现在找到新的使用依托或背景上。

表3–12 基于0~1赋值的技术功效矩阵

技术＼功能	方便从更多介质接收和输出文件	提高文件运行效率	找到新的使用依托或背景	提高文件的保密性	提高文件的安全性或稳定性	提高硬件的兼容性	延长硬件使用寿命
控制器	10	17	7	4	6	6	2
I/O	7	6	9	0	1	5	0
制造工艺	3	2	3	0	1	4	3

表3–13 基于连续赋值的技术功效矩阵

技术＼功能	方便从更多介质接收和输出文件	提高文件运行效率	找到新的使用依托或背景	提高文件的保密性	提高文件的安全性或稳定性	提高硬件的兼容性	延长硬件使用寿命
控制器	25	47	25	6	7.5	19	5
I/O	16	14	29	0	1	16	0
制造工艺	6	3	11	0	1	13	9

附录：专利样本

样本一 专利名称"一种文件管理方法"，申请号为200510056969.1。摘要为："本发明公开了一种文件管理方法，包括步骤：当播放器播放文件时，读取文件访问信息记录；查看该访问信息记录中是否存在当前播放的文

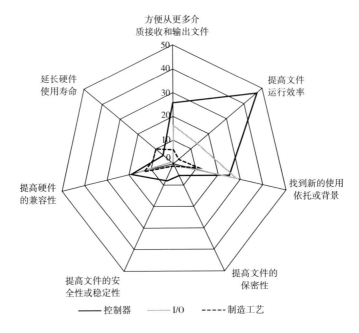

图 3-9 基于连续赋值的雷达图

件的标识；如果是，则增加所述当前播放的文件的访问次数，并记载当前的访问时间；关闭所述文件访问信息记录；如果否，则将所述当前播放的文件的标识添加至文件访问信息记录中，并记载访问次数和访问时间；关闭所述文件访问信息记录。本发明可以实现文件的多元化管理，及时更新和维护文件的被访问信息。"

样本二 专利名称"限制锂离子电池充电的方法及其装置"，申请号为200510033254.4。摘要为："本发明公开一种限制锂离子电池充电的方法及其保护电路，在对锂离子电池充电时，通过检测的锂电池的放电电压与设定的可充电低限电压比较，确定可否对锂离子电池充电。本发明提供的保护电路，包括双电压检测 IC 单元及充电 IC 单元，所述充电 IC 单元从外部设备接入电源，提供对锂离子电池进行充电，所述双电压检测 IC 单元通过检测锂离子电池的电压状态，输出控制充电 IC 单元片选的电平信号，控制充电 IC 单元对锂离子电池进行充电。本发明提供的限制锂离子电池充电保护电路，可充分利用锂离子电池的充电次数，提高锂离子电池的使用效率，延长使用寿命。"

样本三 专利名称"实现信息显示功能的半导体存储装置",申请号为200510034982.7。摘要为:"本发明提供一种可以直观显示即时了解存储容量信息和/或用户信息的半导体存储装置,其包括控制器模块、与控制器模块相配合的接口模块、用于提供电源的电源模块、半导体存储介质模块、通过控制器模块的逻辑控制的信息显示模块。该半导体存储介质模块中设有用户信息存储区,用于存储用户信息;该信息显示模块通过控制器模块的逻辑控制用于显示所述半导体存储装置的存储容量信息和/或用户信息,从而使操作者可以直观地即时了解到半导体存储装置的容量、已用空间和/或用户信息等信息。"

样本四 专利名称"实现影音文同步播放的方法",申请号为200510036789.7。摘要为:"一种实现影音文同步播放的方法,用于包括微处理器的可视电子装置,允许对存储单元内的多种媒体文件进行同步播放,包括步骤:设置或下载若干影音文同步文件到该可视电子装置的存储单元,每一所述影音文同步文件包括若干时间标签;所述可视电子装置接收播放指令;根据播放指令来查找对应影音文同步文件;尤其是,所述影音文同步文件还包括与所述时间标签相对应的若干控制码,所述微处理器根据各所述控制码来执行相应文件的同步播放或显示。采用本发明方法,可以兼容 LRC 格式歌词文件,同时可以方便地将多个文件合并到一个文件中去,便于各种可视电子装置编辑或统一学习资料,同时不增加硬件成本。"

样本五 专利名称"一种具有红外辅助传输功能的音频播放装置及其数据传输方法",申请号为200510037003.3。摘要为:"本发明提供一种采用红外数据传输模式实现数据传输的音频播放装置,其包括主机连接器、控制器、存储介质、MP3 解码芯片、数/模转换模块、红外数据传输模块。其中,该音频播放装置通过控制器控制 MP3 解码芯片与红外数据传输模块之间的通信并进行数据传输,因此无须通过主机连接器连接主机和操作系统即可直接实现两个或多个音频播放装置之间的数据传输。"

样本六 专利名称"闪存介质数据管理方法",申请号为200510037574.7。

摘要为："本发明提供一种闪存介质数据管理方法，其包括以下步骤：将闪存介质分区；通过扫描闪存介质各区中存储块内的逻辑地址，生成区地址映射表；将上述区地址映射表存放于各区中相应的备用块内；通过将区地址映射表读出至 RAM 内进行逻辑地址和物理地址之间的转换，实现闪存介质内的数据操作。由于将区地址映射表存放于各相应区的备用块中，当闪存介质针对记录于数据块中的进行数据操作而需要切换到下一区的区地址映射表时，根据存放于下一区中备用块内的区地址映射表即可将所需数据读出，而无须针对下一区内的每个存储块进行扫描，动态生成新的区地址映射表，因此，该闪存介质数据管理方法可以节省数据操作的时间，从而实现闪存介质数据的高效管理。"

样本七　专利名称"媒体播放装置上实现多任务的方法"，申请号为200510100041.9。摘要为："本发明提出一种利用时间片轮转实现多种任务于媒体播放装置上应用的方法。该方法主要包括所述控制器单元的任务分解过程、定义优先级任务过程、创建任务描述符过程、初始化过程、时钟调度过程、执行任务过程、空闲任务过程、挂起任务调度过程、时钟中断任务过程。其中，多个任务按照设置于控制器单元中特定的算法在一定时间内运行，各个任务轮流占有 CPU 及其他系统资源并相互交替运行。由于在短时间内各个任务均被执行，故从使用者的角度看，则是各个任务在同一时间内运行，从而实现多种任务于媒体播放装置上的应用。"

样本八　专利名称"一种于手持设备提示电台信息的方法及其手持设备"，申请号为200510120887.9。摘要为："本发明提供一种可以于手持设备提示电台信息的方法及其手持设备，该设备包括存储单元、输入接口、用于处理输入数据的处理器以及输出接口。该手持设备将电台数据预先存储于存储单元中，当用户使用该手持设备收听电台节目时，通过处理器和输入/输出接口将预存于存储单元中的电台数据转换输出并将输出结果提示给用户，使得用户无须记忆表示电台频率的数字信息，只需要记住电台名称即可选中相应频道，而且切换到一个不熟悉的电台频道时，也可以马上知道当前电台的名称。"

样本九　专利名称"用超声波确定手写轨迹的输入方法及装置",申请号为200510121260.5。摘要为:"本发明涉及用超声波确定手写轨迹的输入方法及装置,包括书写笔(1)和设置信号接收及处理装置(2),该处理装置(2)的两个超声波传感器模块(21、22)分别接收书写笔(1)发射的超声波信号,处理装置(2)的微处理器模块(23)分别对两超声波传感器模块(21、22)在第一个设定单位时间内所接收到的脉冲计数,并计算出书写笔(1)笔尖的位置信息作为书写笔(1)运动轨迹的坐标原点;微处理器模块(23)连续分别对两传感器模块(21、22)在设定单位时间内接收到的脉冲计数,确定书写笔(1)笔尖的运动轨迹;该运动轨迹信息经微处理器模块(23)编码后发送给主机。本发明的技术效果在于:降低了成本,且书写笔的体积小,使用方便;识别精度高。"

样本十　专利名称"USB协议自适应方法",申请号为200510121270.9。摘要为:"本发明涉及一种USB协议自适应方法,根据主机当前运行USB协议类型来报告USB设备类型,具体包括以下步骤:USB设备插入USB主机端口,该USB主机发送请求设备描述的命令,通过读取USB设备模式寄存器判断所述USB主机当前运行的USB协议;如果当前运行的协议为低速USB协议时,设备描述符中报告USB设备为低速USB设备;如果USB主机当前运行的USB协议为高速USB协议时,设备描述符中报告USB设备为高速USB设备。本发明的技术效果在于:用户将高速USB设备连接到低速USB的主机端口时,主机在WinXP的系统下不再出现'如果您将此USB设备连接到高速USB2.0端口,可以提高其性能'的提示,为用户使用带来了方便。"

样本十一　专利名称"移动存储装置",申请号为200520063209.9。摘要为:"一种可以保护USB连接器的移动存储装置,其包括主体、与主体相连接的USB连接器、控制器、存储介质以及与主体活动配合设置的保护装置。该主体设有第一滑动装置,该保护装置设有第二滑动装置。其中,保护装置用于避免外界对USB连接器所造成的直接损伤和污染,其通过第一滑动装置和第二滑动装置的配合滑动设置于主体。由于该保护装置与主体滑动配合，因此使用时无须将保护装置取下，只需推动该保护装置使 USB 连接器露出，并将其插入相应的连接设备，使用完毕后再使保护装置滑动回至原始位置收容 USB 连接器即可，从而可以避免保护装置单独分离设置而造成遗失的问题。"

样本十二　专利名称"固定装置及使用该固定装置的移动存储装置"，申请号为 200520056535.7。摘要为："一种可以方便更换存储介质的移动存储装置，其包括主机连接器、与主机连接器相配合的母板、控制器、与母板分离设置的存储介质以及分别与存储介质和母板相配合的固定装置。该固定装置与存储介质相配合使存储介质与母板分离设置，安装使用时，通过固定装置将存储介质固定于母板上，从而实现存储介质与控制器之间稳定的电性连接；需要更换存储介质时，将存储介质连带固定装置于母板上取下即可。通过该固定装置使存储介质与母板不产生直接配合，因此母板可以适应不同容量规格的存储介质，从而通过这种结构该移动存储装置既可以实现不同容量存储介质之间的更换，又可以保证存储介质与控制器之间稳定的电性连接。"

样本十三　专利名称"兼具 USB 和 UART 串口控制的移动存储方法及装置"，申请号为 200610062349.3。摘要为："本发明涉及一种兼具 USB 和 UART 串口控制的移动存储方法及装置，包括控制电路（1）、闪存介质（2）、USB 接口（3）和 USB/UART 接口切换开关（4），控制电路（1）又包括 I/O 控制电路（11）、USB 接口控制电路（12）、存储控制电路（13）和 UART 串口控制电路（14），USB 接口控制电路（12）和 UART 串口控制电路（14）均与 USB 接口（3）电连接，存储控制电路（13）和闪存介质（2）电连接，I/O 控制电路（11）和切换开关（4）电连接。根据要进行数据交换设备的类型，本发明可以通过切换开关选择 USB 和 UART 通信模式传输数据。这样，所述移动存储装置在 U 盘的基础上，增加 UART 通信模式，既可以当作普通 U 盘使用，又可以被低端设备直接读写数据。"

样本十四　专利名称"数字音视频内容销售系统及其实现方法"，申请号为 200610111867.X。摘要为："本发明提供一种针对数字音视频内容的销售系统，其包括内容供应系统、中间销售系统以及客户消费终端。其中，内容供应系统负责制作原始音视频数据文件、针对原始音视频数据文件进行使其具有相应的使用许可证的包装处理、提供包装处理过的音视频数据文件；中间销售系统按照内容供应系统提供的音视频内容向客户消费终端提供至少一种数字音视频内容销售服务；客户消费终端为兼容多种存储介质的多媒体数码处理装置，客户可以根据自身需要选择由中间销售系统提供的服务进行消费活动。"

样本十五 专利名称"用于数据备份装置及方法"，申请号为200610161720.1。摘要为："提供了一种数据备份系统和方法，所述系统包括源存储器和目标存储器，其中，所述数据备份系统还可包括备份信息生成和读取单元，其用于生成和读取备份配置信息，以使得所述数据备份系统有选择地将所述源存储器中的至少一部分数据备份到所述目标存储器。所述方法包括获取备份配置信息以及根据所获取的备份配置信息有选择地将存储于源存储器中的至少一部分数据备份到目标存储器。在使用本发明后，可以根据用户的需求将源存储器中的数据有选择地备份到目标存储器中，从而避免了在目标存储装置中出现重复的数据。这样，既节省了存储空间，又减少了备份时间。"

样本十六 专利名称"闪存的数据存储方法"，申请号为200610167867.1。摘要为："本发明公开了一种闪存的数据存储方法，该方法包括以下步骤：设置至少一个交换块，并为每个交换块设置相应的结构体；将数据写入交换块，并对该交换块的结构体赋值；根据所述至少对一个交换块的结构体的值进行数据搬迁；将每个结构体的值复位。通过本发明的方法，在将数据写入交换块之后，并不立即进行数据搬迁，而是待本次写入操作的所有数据均已写入适当交换块之后再根据交换块的结构体统一执行数据搬迁。因此，本发明的方法降低了数据搬迁频率，从而提高了数据存储速度。同时，由于减少了闪存的擦写次数，使得闪存的使用寿命得以延长。"

样本十七 专利名称"一种闪速存储器的控制方法"，申请号为200610167869.0。摘要为："本发明公开了一种新的闪速存储器的控制方法，用以克服现有技术中控制芯片内的固化程序不可更改，从而无法支持新的闪存芯片的问题。本发明的方法包括，将修补代码传送到设置在闪存芯片内的预留块内，并在控制芯片的 RAM 内设置修补区，闪速存储器在使用时，固化程序首先将预留块内的修补代码写入修补区并执行该代码。由此，可实现通过执行修补区代码而对固化程序进行升级的目的，从而使得原控制芯片可支持新型闪存芯片，而无须重新设计制作控制芯片。"

样本十八　专利名称"一种用于存储装置的程序文件保护方法及保护装置"，申请号为 200610156478.9。摘要为："本发明提供的一种用于存储装置的程序文件保护方法，程序文件中设置至少一保护地址段，还包括步骤：①存储装置读取程序文件，对至少一保护地址段进行检查；②存储装置根据检查结果读出程序文件内容或取消读取操作；本发明还提供一种程序文件保护装置，采用本发明提供的程序文件保护方法和保护装置，可实现在不影响程序文件正常运行的情况下，对程序文件进行防止复制保护，安全可靠，使用简便，易于推广使用。"

样本十九　专利名称"实现断电信息显示功能的半导体存储装置"，申请号为 200610033201.7。摘要为："本发明提供一种可以实现断电后信息显示功能的半导体存储装置，其包括控制器模块、与控制器模块相配合的接口模块、用于提供电源的电源模块、半导体存储介质模块、通过控制器模块的逻辑控制的信息显示模块以及显示装置。其中，该半导体存储装置的显示装置设有至少一块双稳态液晶显示屏，根据控制器模块的逻辑程序控制，断电后，该双稳态液晶显示屏仍可显示断电时该半导体存储装置的最后一次更新的信息内容，使用比较方便。"

样本二十　专利名称"具有指纹识别功能的移动存储装置"，申请号为 200610034156.7。摘要为："本发明提供一种可以实现指纹识别和信息显示功能的移动存储装置，其包括控制器模块、与控制器模块相配合的接口模块、半导体存储介质模块、通过控制器模块的逻辑控制的指纹识别模块。其中，该指纹识别模块通过控制器模块的逻辑控制进行指纹输入数据采集、指纹信息处理以及指纹验证等操作，通过指纹识别进行数据操作可以提高用户数据操作的安全性，更方便、更高效地保护用户数据。"

样本二十一 专利名称"集媒体播放功能和遥控功能于一体的方法和装置",申请号为200610060685.4。摘要为:"本发明涉及集媒体播放功能和遥控功能于一体的方法和装置,包括以下步骤:设置一个至少能远程控制一种设备的媒体播放器;媒体播放器上电,其控制模块检测遥控按键或媒体播放按键是否按下,如果所述遥控按键或媒体播放按键按下,则发射相应的遥控信号或执行媒体播放功能;在执行媒体播放功能时,控制模块检测所述遥控按键是否按下,如果所述遥控按键按下,则同时发射相应的遥控信号。同现有技术相比较,本发明的技术效果在于:①遥控器同时可以作为媒体播放器使用;②将多种遥控器集成在一起,使得一个遥控器可以遥控多个设备,方便用户管理和使用;③借助媒体播放器的通信接口可以和电脑连接,进行数据交换,轻易实现升级、支持新设备。"

样本二十二 专利名称"无线通信设备按使用频段自动适配天线的方法和装置",申请号为200610060912.3。摘要为:"本发明涉及一种无线通信设备按使用频段自动适配天线的方法,包括以下步骤,在所述无线通信设备内,按照该设备装用实现不同功能的无线通信模块的工作频段要求,设置相应的不同几何参数的天线;无线通信设备的控制模块借助切换开关与各天线电连接;无线通信设备的控制模块根据用户输入的要实现无线通信功能的相应指令,控制所述切换开关选择相应几何参数的天线与相应功能的无线通信模块电连接。同现有技术相比较,本发明的技术效果在于:多种天线全部设置在无线通信设备内,能根据无线通信设备所使用功能自动选择天线,不须用户更换,使用方便;特别是对于便携式多功能无线设备,不须携带多种天线配件,方便了用户。"

样本二十三 专利名称"提高音视频播放设备开机速度的方法",申请号为200610061343.4。摘要为:"本发明涉及一种提高音视频播放设备开机速度的方法,包括以下步骤:音视频播放设备与电脑连接进行数据交换时,如果有数据写入,该音视频播放设备设置数据被更改标志位;该播放设备开机时,判断是否设置了数据被更改标志位;如果设置了数据被更改标志位,则扫描所存储所有文件,重新建立播放列表并存储,然后清除数据被更改标志位；如果没有设置数据被更改标志位，该播放设备则直接读取播放列表。本发明的技术效果在于：在音视频播放设备开机时，不会每次均对所有存储文件进行扫描、分类检索以及存储，而是在有必要时才进行。实现了文件的智能管理，加快了音视频播放设备的开机速度。"

样本二十四　专利名称"在输出文件内自动记载文件形成地信息的方法及装置"，申请号为200610061777.4。摘要为："本发明涉及一种在输出文件内自动记载文件形成地信息的方法和装置，以便日后可以按记载的文件形成地信息进行处理，其方法包括电连接 GPS 模块和存储模块至形成所述输出文件的手持电数字数据处理设备的 CPU 电路、和在存储模块内设置有记录与不同的地理坐标——对应的具体地点的相关描述信息的数据库，以及存储相关软件程序等步骤；其装置基于手持电数字数据处理设备，包括该设备内的 CPU 电路，以及与该 CPU 电连接的数据采集器和用户界面，所述 CPU 电路还电连接有 GPS 模块和存储模块。同现有技术相比较，本发明能在手持电数字摄像设备例如数码相机或数码摄像机和数字录音设备的输出文件上自动记载文件形成地点的相关描述信息，以便用户很直观地按文件形成地点日后处理所述输出文件。"

样本二十五　专利名称"一种系统复位方法"，申请号为200610112124.4。摘要为："本发明提供一种系统复位方法，包括控制器在程序运行过程中设置复位点，赋予该复位点状态值并存储至存储器中；控制器判断是否产生复位信号，如产生复位信号，则重新启动或复位；控制器检测复位点状态值是否存在，如存在，则读取该复位点状态值；控制器根据状态值的复位点位置继续运行程序。本系统复位方法能够记录某一程序在系统重启或复位前的某一位置，在系统重启或复位后从该位置继续运行该程序，而无须从头开始运行该程序，从而方便了用户的使用。"

样本二十六　专利名称"输出多个存储装置中的内容的系统和方法"，申请号为200710003299.6。摘要为："提供一种能够按照预定的顺序自动输出多个存储装置中内容的系统和方法。所述系统可枚举模块、控制模块和输出模块，其中，所述枚举模块用于枚举至少一个外部存储设备，所述控制模块控制所述输出模块按照特定顺序，输出所述枚举模块枚举到的外部存储设备中的信息。根据本发明，可以将不同的内容按照不同的输出需求放在不同的存储器中，这可以极大地提高系统输出的灵活性，同时不用改动任何软件和硬件并减少了软、硬件的测试和修改成本。"

样本二十七　专利名称"具有娱乐信息播放功能的 GPS 导航系统及娱乐信息播放方法"，申请号为 200710007533.2。摘要为："本发明提供了一种具有娱乐信息播放功能的 GPS 导航系统，包括：位置信号接收单元，用于接收和处理 GPS 无线通信信号；存储单元，存储娱乐信息以及导航信息；输出单元，用于播放娱乐信息及导航提示信息；控制单元，其分别与上述各单元连接，用于控制和实现 GPS 导航系统的导航以及娱乐信息播放。同时，本发明还提供了一种利用上述 GPS 导航系统播放娱乐信息的方法，从而使得用户在利用导航系统进行导航的同时可通过其播放娱乐信息，在实现车辆导航系统常见功能的基础上，进一步增加了导航系统的实用性。"

样本二十八　专利名称"基于数字电视数据广播升级终端设备软件或内容的方法"，申请号为 200710096975.9。摘要为："一种基于数字电视数据广播升级终端设备软件或内容的方法，包括服务提供商通过数据广播系统将升级文件或内容文件上传至接入网关，由数据广播系统将升级文件或内容文件以广播方式发送给终端设备；终端设备接收所述发送的升级文件或内容文件，以及判断所述接收的升级文件或内容文件是否为更高版本；若是，则对终端设备的原有软件文件或内容文件进行升级。本发明的升级终端设备软件或内容的方法，能降低终端设备维护成本，有利于用户及时升级系统及维护服务提供商的版权利益和方便用户升级。"

样本二十九　专利名称"一种车载 MP3 行驶速度提示系统及方法"，申请号为 200710093725.X。摘要为："本发明提供一种车载 MP3 行驶速度提示系统包括：速度检测装置，检测车辆的行驶速度；MP3 控制器，通过分析检测到的行驶速度提供速度提示信息；以及输出装置，接收并播放速度提示信息。该车载 MP3 行驶速度提示系统具有便携带、节能省电、性价比高等特点。"

第四章 将引证信息与效能信息
结合起来分析

一 对专利引证信息进行利用的现状

当专利权人申请专利和审查员审查专利时，会注明与目标专利相关的一些在先专利（prior patent）和科学文献。专利权人主要通过专利引证来介绍技术背景、阐述专利技术的创造性和增强对目标专利可靠性的说服力，审查员通过引证相似度高的专利来判断目标专利是否达到了授权标准。专利权人引证专利时，可能会故意漏掉高相关性的专利或者通过引证过多的专利来减少专利被无效掉的风险。因此，需要在专利审查环节由审查员补充一些相关性高的专利。[①] 专利引证不仅能够提高专利审查的效率，而且也为追溯技术演变的轨迹提供了便利。Garfield（1966）对专利引用指标进行了较早研究，认为施引专利和被引专利存在相关性乃至相似性。[②] 到今天为止，与专利引用相关的指标被应用于研究多方面的问题，例如，Innography 专利分析系统所构建的专利强度指标中就包含引用指标，而专利强度指标又被用于专利价值的评估；借助专利引证关系来研究基础科学研究对技术研究的影响、研究地域之间的知识溢出；借助专利引证信息构建研发的社会网络图，以便确定

---

① 赵阳、文庭孝：《专利引证动机分析》，《情报理论与实践》2017 年第 7 期。

② Garfield E.，"Patent Citation Indexing and the Notions of Novelty，Similarity and Relevance"，*Journal of Chemical Documentation*，1966，6（2）：63–65.

研发合作关系；借助专利引证数据来发掘核心专利、识别竞争对手的类型；等等。一些国家出现了方便进行专利引证分析的工具。仅在美国，可用于专利引证分析的平台或工具就有汤姆森科技的 Aureka 平台、Innography 专利检索分析平台和总部设在俄亥俄州的 Lexis Nexis 公司的 Total Patent 等。[①] 要查找某个技术领域内的专利被引频数变得比较简单了，例如，只需在 Aureka 数据库中输入高级检索式，限定所要检索的题目或摘要、检索所包含的期限和检索的专利分类号，便可以得到一族专利，从这些专利中可以看到相应的引用频数。

被其他专利权人引用，意味着获得市场上其他的潜在竞争者或合作者的感知和认同。因此，借助引证信息，就可以找出这些潜在的竞争者，对潜在竞争者进行深度分析，为制定企业战略提供参考。例如，当某企业对一项关键专利感兴趣时，该企业的专利管理人员可以找到该专利被哪些专利引用，[②] 而它自身又引用过哪些在先专利。图 4-1 是刘桂锋和王秀红对日本半导体能源实验室的 US5700333 专利进行的单一专利引证分析。当时，该专利的总被引频次和年均被引频次均排在薄膜太阳能领域的首位。该图是一个一级前后引证分析图，即指列出了直接引用目标专利的专利和被目标专利直接引用的专利。根据计算上的特征，这种引证树也被称为"双曲树"（hyperbolic tree）。进一步地，还可以构建多级前后引证图。由于多级前后引证图显示在一张图上不容易辨读，一些软件还提供放大或链接功能。

以一级前后引证图为依据，就可以结合专利技术地图或专利权利地图进行更加全面的分析了。例如，可以以目标专利、前引专利、后引专利为对象，绘制包含这些专利的专利技术地图，判断这些专利主要分布于哪些相对热门的技术领域，如图 4-2 所示。或者绘制专利权利地图，判断这些专利主要集中于哪些权利要求；还可以以拥有上述三类专利的专利权人为对象，

---

① 刘玉琴、彭茂祥：《美国专利引证可视化系统的设计与实现》，《计算机工程与应用》2012年第 22 期。

② 即前引专利（Forward Citations），指被在后申请的专利引用；后引专利（Backword Citations）指引用在前申请的专利。

绘制这些专利权人的专利技术地图或专利权利地图，判断与拥有目标专利的公司相互关注的其他公司的技术分布或权利分布状况；或者，直接绘制拥有目标专利的公司的专利技术地图或权利地图，判断目标专利是否属于该公司的热门技术领域或权力集中领域；还可以将目标公司专利分布图与竞争对手专利分布图进行比较，了解各自的技术和权利分布领域；等等。

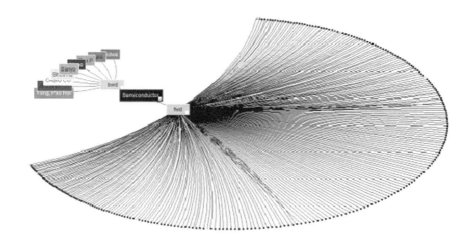

图 4 - 1　专利 US5700333 的一级前后引证分析

资料来源：刘桂锋、王秀红撰《基于专利地图的薄膜太阳能领域专利引证分析》，《科技管理研究》2012 年第 14 期。

在某个特定技术领域的多级前后引证图的基础上，通过过滤掉权重低的引证路径，可以得出基于专利引文的某个技术领域的关键技术演变路径图。根据黎欢和彭爱东介绍，该方法是关键路径法（Critical Path Method）结合专利引证数据的应用。关键路径法源于 Dosi 的技术演进主路径理论，Batagelj（2003）根据这一思路，设计了可用于对期刊引证进行分析的方法，用于识别哪些作者或研究领域影响更大。Epicoco M. 则将关键路径法应用于微型半导体技术的专利引文分析。[①]

---

① 转引自黎欢、彭爱东：《竞争对手识别的三种专利引文分析方法研究——以全息摄影技术为例》，《情报杂志》2014 年 10 月。

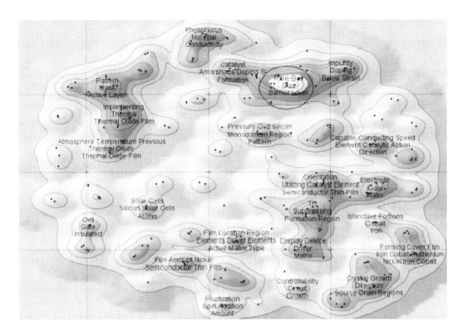

图 4 - 2　目标专利及前向引用专利总体技术分布

资料来源：刘桂锋、王秀红：《基于专利地图的薄膜太阳能领域专利引证分析》，《科技管理研究》2012 年第 14 期。

专利引证的关键路径被用来识别重要的竞争者。关键路径上的专利，一方面，引用了后来被广为引用的专利，说明了权属人在吸取前人有价值的成果时具有慧眼；另一方面，又被后来的专利广为引用，说明权属人自身做出的研发投入得到了同行乃至市场的认可。Jeong 等（2014）根据引用专利的节点数目来确定专利群中的核心专利和外围专利。[①] 在图 4 - 3 中，关键路径的演变后来形成了两支，分别由不同的公司拥有两支路径上的核心专利，这可能意味着这一领域在应用方向或技术标准上形成了分化。黎欢和彭爱东（2014）还把专利引证的关键路径图和专利引证率四方图结合起来，进一步明确竞争者的具体类型。专利引证四方图就是一个坐标系，横坐标表示自引率，纵坐标表示被引率。自引率高、他引率低的专利权人是技术参与者；自

---

① M. K. Jeong, Y. Moon, P. L. Sang, H. J. Lee, B. Lee, D. Kim, "A Graph Kernel Approach for Detecting Core Patents and Patent Groups", IEEE Intelligent Systems, 2014, 29 (4): 44 - 51.

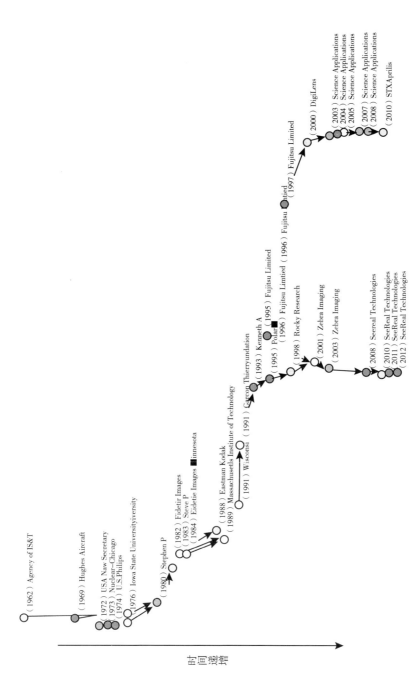

图 4 - 3　全息摄影技术引证的关键路径

资料来源：黎欢、彭爱东：《竞争对手识别的三种专利引文分析方法研究——以全息摄影技术为例》，《情报杂志》2014 年 10 月。

引率低、他引率高的专利权人是关键技术持有者，两者都低的是技术模仿者，两者都高的是技术先驱者。这种对竞争对手的识别不仅可以被用于分析竞争者的行为，也可被用来识别重要的合作者。施引者和被引者之间通常是竞争关系，但有时候也会合作。拥有核心专利的权属人很可能就是关键技术的交叉许可方、专利池的联合构建者或者技术标准的共同推动者。

二　借助描述专利效能的 S 形曲线优化研发方向

将引证信息与效能信息结合起来分析，有助于识别出具有前景的研发方向，借以对研发资源进行各个方向上的布局。根据 TRIZ 理论，在产品的发展过程中，其性能参数呈现出 S 形的特点。这些性能参数与本书所指的效能值大体一致。具体而言，当产品刚刚被研发出来时，其性能参数的取值比较低，这意味着使用新诞生的产品并不方便。例如，最初的汽车构思是以蒸汽机作为动力装置，速度很慢，单次能跑的路程也比较短。但是，随着人们围绕提高速度展开一系列研究，汽车的速度经历了加速上升、小幅上升和最后趋于平缓的过程。又如，最初的电灯只能提供非常短暂的照明，后来的照明时间也经历了加速上升、小幅上升和趋于平缓的过程。图 4-4 中的 S 形曲线展示了技术性能参数变化的这一特征。曲线显示，新产品的发展会经历出生期、成长期、成熟期和衰退期，出生期的性能参数提高不明显，进入成长期会经历性能的加速度提升。进入成熟期后，性能会以递减的速度继续提升。最后迎来性能参数基本上不再提升的衰退期。

专利文献记录了技术演进的历程。在这个历程中，产品在各方面的效能整体趋势是在提升的，但不同的效能在提升的进程上步调并不一致。例如，对环保性能的重视出现得比较晚，只是随着汽车普及后人们才逐渐意识到有必要节能减排。可以借助专利文献来识别产品的各项效能处在哪个阶段，以及识别哪些方面的效能正在受到公众重视。例如，汽车的速度效能可能已经处于衰退期，提升的空间不大了；然而，汽车的环保效能却仍处在成长期，各种截污减排的技术不断涌现，环保性能迅速提升。这意味着，当各企业生

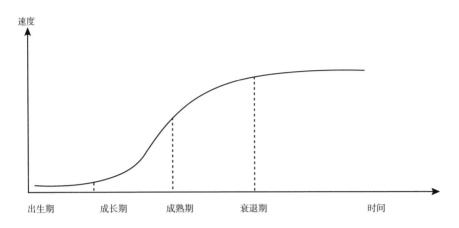

图 4 – 4　描述效能演变特征的 S 形曲线

产的汽车的速度都差不多的时候，谁的汽车环保性能高，谁就能获得更大的回报（包括从政府补贴中获得的回报）。因此，企业应该将研发重点放在环保领域。

　　在借助专利文献来确定效能发展阶段时，需要将与某个效能有关的专利文献搜集起来，按照专利诞生的时间先后顺序排列，并对这些专利分别进行效能赋值。例如，将与提高速度有关的专利按照诞生时间先后顺序排列后，对其进行效能赋值。不过，有些领域的专利数量庞大，一些微小专利对效能提升的贡献度比较低，不值得对这些微小专利进行分析和赋值，几乎可以忽略不计。为了减少工作量，一条简便途径就是借助专利引证的关键路径开展效能分析。基本思路是，首先借助专利引证信息确定汽车领域的专利演变关键路径。然后找出关键路径上能够提高汽车速度的那些关键专利，挑选出来的这些关键专利必定会位于 S 形曲线上。其次，寻找与这些关键专利存在引证关系和被引证关系但并不处于关键路径上的其他专利，判断这些专利是否也具有提高速度的效能，并对其效能进行评价和赋值。最后，将这些非关键路径上专利的效能值和专利诞生时间插入坐标系中。这样，就得到了一条大致呈现出 S 形状的、能够相对准确地反映效能演变轨迹的曲线。借助这条曲线，可以判断在该项效能上是否还有比较大的提升空间。在企业进行研发规划时，可以重点选择那些在效能上还有比较大的提升空间的方向进行研发。这意味着更有可能获得市场的认同和提高竞争优势。

三　将引证信息、效能信息和权利信息结合起来筛选真正的核心专利

如果将具有大的经济价值作为"核心专利"的必要特征的话，那么，位于专利引证的关键路径上的专利也并不一定必然是核心专利。这是因为，引证一项专利的时候，申请人和审查员的一个动机是用来说明自己的专利具有创造性。那么，被用来作对比的背景专利既可能是被拓展功能的对象，也可能是被绕过的对象。这两种情形具有截然不同的法律含义和经济后果。在第一种情况中，被引专利不仅在功能上得到了提升或拓展，而且，后续专利的实施离不开被引专利。或者说，实施后续专利时，会覆盖被引专利的全部权利要求点。这意味着，后续专利是被引专利的延伸专利或互补专利。图4－5展示了后续专利是被引专利的延伸专利的情形。被引专利的权利要求点为 A、B 和 C。后续专利在被引专利的技术特征的基础上增加了一个新的权利要求点 D。但是，实施后续专利时会用到 A、B 和 C。因此，后续专利的拥有者必须获得被引专利拥有者的许可，才能够实施被引专利。

图 4－5　后续专利对被引专利进行延伸

图4－6展示了互补专利的情形。被引专利的权利要求点为 A 和 B，后续专利的权利要求点为 C 和 D。但是，后续专利和被引专利都是生产某个产品必不可少的技术，两者是互补的关系。这意味着，为了生产产品，拥有后续专利和被引专利的专利权人都需要获得对方的许可。

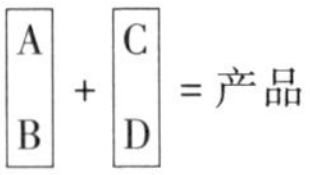

$$\boxed{\begin{matrix} A \\ B \end{matrix}} + \boxed{\begin{matrix} C \\ D \end{matrix}} = 产品$$

图 4 - 6　后续专利与被引专利互补

在上述两种情形中，被引专利的经济价值都得到了提升。相反，如果被引专利是被绕过的对象，那么，其经济价值就不仅得不到提升，反而会被贬损。图 4 - 7 展示了这种情形。被引专利的权利要求点为 A、B 和 C，后续专利的权利要求点为 A、B 和 D，且两者具有类似或相同的功能。根据判断专利侵权的全面覆盖原则，实施后续专利不会侵犯被引专利。这意味着，被引专利和后续专利之间是相互替代或相互竞争的关系。被这样的后续专利引用，会导致被引专利的经济价值贬损。

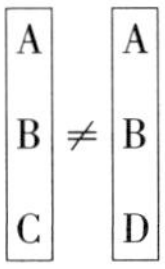

$$\boxed{\begin{matrix} A \\ B \\ C \end{matrix}} \neq \boxed{\begin{matrix} A \\ B \\ D \end{matrix}}$$

图 4 - 7　后续专利绕过被引专利

因此，同样是被引专利，可能会有不同的命运。有的专利只是技术上对后来专利有借鉴价值，但同行的关注却并不意味着该专利能得到较高的市场回报。为了避免这一悲惨命运，一项基础性专利的发明者通常要围绕该专利进行一系列的替代性设计，并就这些设计申请专利保护。如果一项专利不仅被引率高，且不能被其他研发者使用替代性技术绕过，后来的技术均属于功能拓展型或互补型技术，那么，该专利就是真正的核心专利。核心专利的形成，类似于生物物种的进化。最初，在一大堆物种中，很难判断哪些物种会消失，哪些会留下来。最终留下来的物种是经历了大自然的筛选而留下来的。类似地，在一大堆专利中，人们并不能准确判断哪个专利会成为核心专利。只有既不能够被其他人绕过又能够留有广阔空间供后来人对其进行功能拓展或提供互补性的支撑技术的专利，才会在社会对技术进行筛选的过程中成长为真正的核心技术。特别是那些从无到有地以一种新方式满足某种需要的那些核心专利。例如电灯，诞生最初未必比煤油灯好用。不过，这些核心专利的价值在于其提供了一个原创性的构架，为后来人改进做了铺垫。这意味着，一项技术是不是核心技术，不仅由自身的权利要求构件决定，而且也是被同行和市场的行为来决定的。很大程度上，一项技术是不是核心技术，不能在其诞生伊始就下定论，只有在经历了一段时间后，才能根据同行和市场的反应来判断其是不是核心专利。随着本领域内的改进专利增多，累积起来的效能越佳，相关产品的市场需求会越大，核心专利的市场价值也随之增大。这意味着核心专利的价值是动态变化的。

那些对前人专利进行效能拓展的专利也有可能成为核心专利。例如，当电灯的照明时间很短的时候，有人发明了一种特制金属丝，可以大大延长照明时间。不过，电灯的专利权人所拥有的权利要求包含"利用金属丝发光"。这意味着，特制金属丝的发明者要获得电灯专利权人授权才能使用金属丝制造电灯。然而，反过来，如果拥有电灯专利的权利人要生产使用特制金属丝的高性能电灯，也必须获得后者授权。因此，对以前的专利在效能上进行重大改进的专利也可以成为核心专利。

对核心专利的上述考察具有现实指导意义。第一个现实指导意义是，对研发主体而言，如果希望自己拥有大量核心专利，那么，应该采取的措施是，找出那些在效能拓展和互补研发上有广阔空间的专利，围绕这些专利构筑保护墙。在自身继续研发的同时，还可以吸引大量的后来者对其进行功能拓展和互补性研发。这些后来者会成为需要该核心专利的潜在被许可方。在一个新兴行业，这有利于吸引大量同类企业携手推进该领域的技术快速符合市场的需要。

第二个现实指导意义是，高价值的核心专利周围必定有一些外围专利。即便这些外围专利没有被投入实际应用，也同样能够为企业贡献利润。Denicolò 和 Zanchettin（2012）解释了为什么专利组合中会有一些专利被闲置起来，而不是被实施和运用。他们的解释是，企业之间先后在研发和定价上进行博弈。在研发阶段，竞争导致诞生了过多的技术以及专利。为了避免在生产环节导致过度的竞争，企业间自觉地达成了将专利组合中的部分专利雪藏起来的均衡策略。该文忽视了企业持有外围专利的策略性动机。事实上，持有外围专利，很多时候是为了阻止被其他企业拥有这些专利。否则，本企业在该市场的垄断范围可能会受到威胁。一旦被其他企业拥有一个比较重要的外围专利，就意味着本企业不能在对方专利所覆盖的范围内从事生产经营了。这实际上削弱了本企业的垄断势力。更严重的是，万一本企业拥有的核心专利到期，或者对方研制出替代性的核心专利，那么，就可能会面临来自其他企业的强有力的竞争。正因为如此，持有外围专利而不实施的主要目的是维持拥有专利权的企业的市场垄断范围和减少被竞争对手入侵的风险。①

第三个现实指导意义是，可以借助效能信息和引证信息筛选出一些没有什么价值的专利，考虑是否应该将这些专利弃权，以省下专利年费。这是企业对专利组合进行优化的方式之一。② 当然，如果企业确实需要数目庞大的专利组合来显示自身在生产和谈判上的实力，那不妨为这层华丽的专利外衣继续支付年费。

综上所述，核心专利至少有两种类型：一是不能够被其他人绕过又能够留有广阔空间供后来人对其进行功能拓展或提供互补性的支撑技术的专利；二是对以前的专利在效能上进行重大改进的专利。这说明在筛选核心专利时，离不开效能分析。通过判断目标专利自身在效能上提升的幅度，以及通过判断它本身还留有多大的效能拓展方向，就可以判断是否具备成为核心专利的潜质。

四 引证分析和效能分析在不成熟技术的后续研发和孵化中的综合运用

具有重大应用前景的新技术通常是不成熟的，无法被投入实际运用，更

---

① Denicolò, Vincenzo, Zanchettin, "Piercarlo, A Dynamic Model of Patent Portfolio Races", *Economics Letters*, 2012, Vol. 117, No. 3: 924 – 927.

② Aswal, Amit, "Optimise Your Patent Portfolio", *Managing Intellectual Property*, 2009, No. 192: 102 – 105.

无法被大规模生产。在不成熟的新技术被广泛应用于实际生活之前，还需要经过大量的研发。例如，1912 年，Gilbert N. Lewis 就提出锂金属电池。20 世纪 70 年代，M. S. Whittingham 提出锂离子电池。但是，在被广泛运用之前，经历了漫长的数十年甚至上百年的时间。其间，人们投入了大量的后续研发。锂电池之所以能够吸引后来者投入研发，在于其最初的构思者向后人揭示了用锂生产出具有电压高、储能密度高、重量轻、寿命长和环保等诸多优点的新型电池的前景。但是，由于锂金属自身化学特性非常活泼的原因，其加工、保存和使用是难题，大规模低成本生产更是面临诸多障碍。

在这种背景下，能够在新兴技术领域成为领导者的企业必定是那些能够率先克服障碍的企业。以比亚迪公司为例。2000 年，该公司申请了自己在锂电池领域的第一份专利申请。此时，国外一些锂金属和锂离子电池的早期构思早就过了专利保护期。这些早期构思虽然经常被引用，但并不对比亚迪构成不利影响。打个比喻的话，就像有人想修一条通往罗马的大道，然后获得政府特许，在 30 年内可以设置关卡收过路费赚钱。但是，大道和关卡修好后，附近老百姓没有可在大道上奔跑的车，于是大道空置了。30 年后，这条大道就供大家免费跑了。此时，周围老百姓都想借这条道路运输货物，到罗马卖大价钱。在这种情况下，谁先用多个车把道路占满，谁就能最大可能地从这条道路上获利。

通过检索比亚迪公司与锂电池相关的专利，不难发现，围绕锂电池的生产和改良，该公司进行的专利布局大致体现在加工设备和工艺、材料制备、结构和形体设计、检测手段、功能衔接和回收利用等方面。表 4 – 1 进行了展示。该公司的布局基本上涵盖了锂电池的各个组件的制备、整体结构的设计、加工设备的改良、检测方式的改进等生产过程的主要方面。从效能角度看，这些环节的研发活动起到了提高性能、降低成本、提高安全性、更加环保、延长寿命等效果，增强了产品被市场接受的可能性。

企业不仅可以针对那些已经过了保护期的基础性专利进行后续研发，实施专利布局来获利。而且，还可以针对自己或其他企业拥有的基础性专利进行后续研发和专利布局，同样能够通过交叉许可等途径来获得基础性专利的

表 4 - 1   比亚迪公司锂电池的专利布局领域

所属技术领域	具体手段
加工设备和工艺	收卷装置、分切机、部件焊接、储液装置等
材料制备	电解液、绝缘套、电池隔膜等
结构和形体设计	卷绕、软包装、防爆盖板等
检测手段	电压测试、液体纯度测试、放电容量测试等
功能衔接	车载环境下的使用与衔接

使用权，分到一杯羹。后续研发的方向无非也是针对产品的各个组建和生产的各个环节来进行改良，提升产品的某些效能。当某项后续专利能够使产品效能得到非常大的改进时，才会具备与基础性专利进行交叉许可的资格。

当风险投资者选择被投资对象时，或者定位于新产业培育的孵化器选择优质的被孵企业时，都应该对目标企业的专利规划进行解读，以此来判断目标企业的技术和产品的发展方向是否符合经济社会需求和是否采取了有效措施来推进企业朝既定方向发展。刘博洋和韩冰（2016）介绍的 Quanergy 公司就是一个理想案例。该公司成立于 2012 年。此时，激光雷达技术早就被应用于军事导航领域。不过，随着"无人驾驶"和"无人机"等概念受到关注，产生了对低成本、小型化和固态化的激光雷达导航系统的需求。而这正是 Quanergy 公司的市场定位。根据这一市场定位，公司采取了相应的研发措施。图 4 - 8 展示了几年后公司拥有的具有不同效能特征的专利数量，显示出公司确实朝着当初的定位从事研发。[①] 这是该公司受到种子投资、天使投资和风险资本的重要原因。

被投企业或者被孵企业都应该有一个与市场定位和产品规划相一致的专利布局规划。该规划应该清晰阐述的问题至少包括自己的市场定位是怎样的？谁是目标消费者群体？打算让产品具有哪些让消费者认同的独特效能？自己的技术储备离这一目标还有多远？涉及哪些关键技术？自己拥有和缺少哪些关键技术？如何获得关键技术？有了关键技术后，如何从事后续研发，

① 刘博洋、韩冰：《基于专利的初创企业发展模式研究——以 Quanergy 公司为例》，《中国发明与专利》2016 年第 9 期。

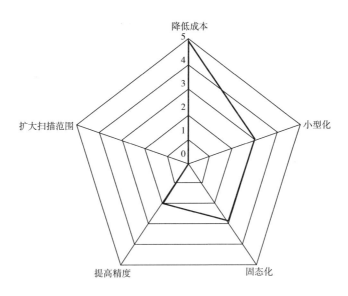

图 4 - 8　Quanergy 公司具有不同效能的专利数量

才能使企业朝着最初的市场定位前进？在从事后续研发时，如何找到合适的外部合作者？等等。

　　在制订规划时，可以借助专利引证信息，从高被引专利中找到值得围绕其进行后续研发的关键专利。然后，对关键技术的专利组合进行效能分析，确定可以从哪些环节入手，提升效能使企业更接近当初自己设定的市场定位目标。另外，还可以借助引证信息和效能信息寻找合适的合作者。例如，如果单靠自身的研发实力不能获得相关技术，那么，要考虑是通过获得外部许可还是联合研发的方式来获取技术。在新兴产业发展的早期，放宽眼界找到理想的合作者尽快发展壮大，比超越身边的竞争者更重要。这时候，可以借助专利引证信息筛选出关键专利的拥有者，将有限的时间用来重点关注其行为，判断是否具有合作价值。如果合作者能够加快企业朝既定市场目标迈进，如使得产品的效能更符合消费者的期待，那么，就是有价值的合作者。

　　消费者对技术效能的期待，并不是一项免费信息。要弄清楚消费者需要怎样的效能，仅靠研发者自己的主观判断是不够的。研发者的主观判断与消费者的真正需求之间是有距离的。希普尔（2005）认为，从用户那里获取创新灵感，有助于使产品更加符合消费者的需求。具体建议是，鼓励销售人员获取用户对新产品的需求、思想和样品解决方法等方面的信息，鼓励售后维修部门的人员重视用户做出的改进；一些有潜力被大规模生产的个性化定制产品可以成为潜在的新产品研发对象。因此，企业内部的研发人员要克服歧视外部创新信息源的偏见，通过确定和追踪领先用户来更有效地从事创新。

第五章　专利效能信息在专利价值评估中的应用

一　主要专利价值评估方法的原理

通常将专利价值评估方法分为收益法、成本法和市场法三大类。不同大类内又包含多种具体的方法。某国外专利交易所声称接触过几百种对专利估价的方法。[①] 如此多的专利评估方法的诞生，反映出社会对准确把握专利价值的渴望。事实上，这反映出这样一种生态：包括众多投资者在内的技术需求方既希望能够与技术拥有方合作，但又不希望由于出价过高而受损；众多技术拥有方则希望从技术成果出售中获得尽可能多的回报。100多种专利估值方法就是在社会对准确估值具有强烈需求的背景下应运而生的。在中国，随着政府对专利交易、专利投融资、专利运营等各种专利应用方式的日益重视，越来越多的专利价值评估方法进入了人们的视野。目前被公开讨论或应用的专利价值评估方法也达到了二十多种。通常认为，专利价值评估的结果就是专利转让的价格。但实际上，专利交易中更多采用的是专利许可方式，而不是转让。在美国学者的著作中，提到专利价值评估的结果时，更多的是指许可费率。[②] 下面主要介绍市场法和收益法。

[①]　Ashby H. B. Monk, "The Emerging Market for Intellectual Property: Drivers, Restrainers and Implications", 2009, http://ssrn.com/abstract = 1092404.

[②]　理查德·拉兹盖蒂斯:《评估和交易以技术为基础的知识产权:原理、方法和工具》，中央财经大学资产评估研究所、中和资产评估有限公司译，电子工业出版社，2012，第82页。

（一）市场法

市场法是指根据市场过去的成交价格来评估专利价值的方法。进一步地，由于可以以不同的方式来利用过去的历史成交信息，因此，市场法这一大类中，又可以被划分为各种具体方法。最简单的比较方法是单项比较法，即找出近期一笔类似专利交易为参照，将目标专利与被参照专利进行比较，找出目标专利在哪些方面比被参照专利更强或更弱，进而在被参照专利交易价格的基础上进行调整，确定目标专利的交易价格。单项专利法有两个明显缺陷。一个缺陷是，每个专利都具有新颖性和创造性，因此，不容易找到具有高度相似且在近期被交易的被参照专利。另一个明显缺陷是，仅以单笔历史交易为参照。如果被参照的交易本身并不具有代表性，那么，以此为依据推理出来的目标专利价格也是不合理的。行业比较法和评级比较法则通过选取大量历史交易为参照来推理目标专利的价格。

1. 行业比较法

行业比较法根据专利技术所处行业过去的专利许可费率或转让价格来判断目标专利的价值大致处于什么样的水平上。通常，专利许可或转让的价格并不公开。但人们依然可以通过各种渠道获得某些行业的历史成交信息。例如，Mc Gavock，Haas 和 Patin（1992）对几千名从事专利许可的专业人士进行问卷调查，得到了各个行业的专利许可费率的分布信息。这些信息对专利交易者的定价行为有一定指示意义。这是因为，在了解目标专利所处行业的专利许可费率的分布情况后，目标专利的交易者们通常会对许可费率大致处于哪个区间达成共识，这会提高交易成功的可能性。例如，Mc Gavock 等人的研究结果显示，80%的医疗设备专利许可费率处于 5% ~ 10% 的水平，剩余的 20% 则处于 5% 以下；电信行业的许可费率 100% 处于 10% ~ 15% 区间；食品和消费行业中，62.5%的许可交易的费率处于 2% ~ 5% 区间。[①]

[①] Dan Mc Gavock, David Haas & Michael Patin, *Factors Affecting Royalty Rates*, Les Nouvelles, June 1992, p. 107. Published by the Licensing Executives Society International （LESI）.

Stephen Degnan 和 Corwin Horton（1997）的调查则根据所涉及专利的创新程度对许可费率进行了分类。[①] 根据创新程度的高低，专利被分为变革型、重大改进型和次要改进型这三类。变革型专利指将被社会长期需要或在创建一个全新的行业中扮演关键角色的专利；重大改进型专利指对现有产品、服务或流程进行重大改进的专利；次要改进型指对现有产品、服务或流程有一定改进的专利。Degnan 的研究展示出了不同创新程度的专利在许可费率上存在显著差别。变革型专利的平均许可费率高出重大改进型专利平均许可费率 3~4 个百分点。他们还发现，制药行业的平均许可费率几乎为非制药行业的两倍。

上述调查结果为专利交易者们确定专利交易价格提供了一定指南。例如，交易双方可以在了解本行业许可费率分布情况的基础上，结合目标专利的创新程度，来确定具体的交易价格。

关于各个行业的许可费率的信息并不局限于学者们的调查报告中。法院对专利侵权者的判决中，会以被侵权专利的许可价格为基础，来决定侵权者的赔偿数额。这就提供了一种对专利许可费进行追溯的渠道。此外，一些专利许可专业组织也会提供关于专利许可费率的信息，如技术许可执行协会（www.les.org）和大学技术经理人协会（www.autm.org）。[②] 甚至从事专利交易的企业在某些情形下也会主动向社会公开自己的专利许可交易价格。这些都可为专利交易者们了解目标专利所处行业的许可行情提供线索。

2. 评级比较法

评级比较法首先根据专利交易价格高低对历史交易进行排序，将专利成交价格或许可费率从高到低分为若干个等级。划分为多少个等级和各个等级的跨度有多大是划分等级时要注意的问题。通常，划分等级时，尽可能把具有共同的关键特征的交易记录放在同一个等级内。一旦划分好等级，那么，

---

① Stephen Degnan and Corwin Horton, *A Survey of Licensed Royalties*, Les Nouvelles, June 1997, p. 91. Published by the Licensing Executives Society International（LESI）.

② 理查德·拉兹盖蒂斯：《评估和交易以技术为基础的知识产权：原理、方法和工具》，中央财经大学资产评估研究所、中和资产评估有限公司译，电子工业出版社，2012，第119页。

就为确定目标专利属于哪一个等级提供了依据。

为了更好地说明专利的评级比较法的原理，不妨回顾一下信用评级的历史。信用评级主要指对债务本身或借债主体的偿还能力的评级。其发展历史可以追溯到 1902 年。当时，铁路债券是一种主要的大众投资渠道，但仍然有不能按期还本付息的违约事件发生。当某种铁路债券发行时，人们最关心的莫过于该债券的违约风险。针对这一社会需求，穆迪公司的创始人约翰·穆迪开始对铁路债券进行评级。到今天，穆迪采用了 21 个评级级别，从最高的 Aaa 级到最低的 C 级。作为商业机构，评级机构将评级方法视为商业秘密，并不向社会公开，只是向社会公布评级的结果。不过，这并不妨碍经济学家们对评级机构所采用的评级方法做出猜测和验证。事实上，评级的原理是对债券的特征进行多角度的解读和评分，然后，赋予这些特征一定的权重值，根据计算出来的结果判断将该债券归入哪一个等级。当然，这套评级标准本身（确定哪些特征和各个特征的权重）也会变动和调整。例如，1998 年东南亚金融危机发生后，世界主要评级机构都调整了自己的评级权重，以便新的评级权重能够更准确地揭示新环境下的违约风险。可见，一套好的评级方法的特点是要尽可能与历史数据吻合，只有这样，其对新债券的评价才能更令人信服。

对专利进行评级也是类似的。首先，需要确定等级的划分依据。这些依据可以是专利技术能够实现的市场规模和定价能力、专利对利润的贡献程度、专利权利稳定性、专利权保护范围、竞争性专利对目标专利的可替代性大小、创新程度、专利技术自身的成熟度、供应链便利程度、保护期限、侵权容易被认定的程度、目标市场规模的波动性和成长性等。可以从一些从业者列举的影响专利交易价格的因素中，提取相关因素作为等级划分的依据。例如，Tom Arnold & Tim Headley（1986）就列举了影响专利许可价格的 100 个因素；[①] 其次，需要确定各个等级的权重；最后，需要将根据权重计算出

---

① 理查德·拉兹盖蒂斯：《评估和交易以技术为基础的知识产权：原理、方法和工具》，中央财经大学资产评估研究所等译，电子工业出版社，2012，第 176 页。

来的结果归入不同的等级。在确定合适的权重时，需要借助历史交易记录进行模拟，以便根据最后筛选出来的权重确定的等级能够较好地拟合历史交易。等级越高，说明专利本身的价值更大，专利权人能够收取更好的许可费率或转让价格。可以用下列数学公式来简要概括评级方法的思路。

$$Y = a_0 + \sum_{i=1}^{n} a_i X_i \qquad (5-1)$$

公式（5 - 1）中，Y 表示专利等级的取值。例如，穆迪将等级划分为21 个，因此，Y 的取值区间为（1，21）。X 为评级时所参考的依据，具体体现为评级目标（如债券或专利）所具有的一些特征。这些特征的取值会影响到 Y 所代表的属性的变化。就债券来说，发债企业的资产负债率、业绩波动性、所处市场的政治风险等均会影响到该企业是否能够准时偿还债券的可能性；就专利而言，专利的权利范围、专利稳定性、技术发挥的效果、可实施性、所在国家的保护有效性等因素也影响着专利价值所处的等级。估计上式的具体形式时，需要借助历史数据估计式子中的参数向量 a。一旦确定好评级公式的具体形式，就可以将之用于各个待交易专利的评级了。

尽管评级比较法为确定专利价值提供参考，但专利交易自身是多样和复杂的。在确定具体的交易价格时，还需要根据具体情形进行调整。例如，如果许可方和被许可方两者是竞争关系，那么，许可行为会对许可方的市场带来不利影响，许可费率需要足以对许可方进行补偿，否则，许可方没有必要达成交易；相反，如果许可方和被许可方在不存在竞争关系的领域从事经营，甚至被许可方和许可方的义务存在互补性，从而前者的扩张还能带动许可方的业务扩张，那么，许可费率可以相对低一些。又如，有些专利技术依托买方现有的设备或人员便能顺利实施，有些专利技术则需要采购新设备和雇用新人员。前一种情形有利于许可方收取更高的许可价格。又如，在确定具体的许可费率时，还需要考虑行业因素，如制药行业的许可费率通常高于其他行业。

定价难是专利交易中的一个关键障碍和难题。评级的发布，可以为定价提供一定参考，从而有助于缓解难题。当前，我国各地纷纷成立了一些知识产权交易中心或交易所。如果这些机构能够根据自己内部的专利成交记录制定评级标准，对过去已经交易了的、现在正在进行交易的和待售的专利进行评级，将有助于交易双方达成共识。对这些机构而言，评级是改进业务的一种手段。如果能够获得更多的交易记录，则制定出来的评级标准会更合理。

与给出单个数字的评估结果相比，评级比较法有自身的优点。比如，与给出单个数值的评估方法相比，评级结果更易于让人接受。这里有两个原因。原因之一是评级结果汇报的是一个区间。专利的真实价值落在这个区间的概率大于取其中某个单值的概率。从而，评级提高了评估结果的可信度。当然，由于并没有给出一个具体的数字，在精确度上有所牺牲；原因之二是评级方法是基于大量历史交易记录而构建的。社会心理学中的一个基本现象是，人们在判断某一件事情是否公平合理时，如果周围愿意接受该事件、认为该事件合理的人数越多，那么，判断者就越倾向于认为该事件可接受。就专利交易而言，专利评级借助大量历史交易的特征，揭示了专利价值的区间。这会促使交易双方认为，既然这么多人都是这样定价的，那咱们也就这样吧。从而提高达成交易的可能性。

（二）收益法

1. 贴现现金流法

贴现现金流法通过对专利技术带来的未来净收益进行折现，得到一个净现值，以此作为专利权的价值。用来折现的比率（贴现率）的经济含义是，如果买方支付等于该净现值的价格来购买专利权的话，应该得到的最低报酬率。这一最低报酬率包含无风险利率、资金成本、风险报酬乃至预期通货膨胀率。需要说明的是，交易双方并不一定非要在该价值水平上进行交易。事实上，这样计算出来的净现值的经济含义只是买方应该支付的最大价格。倘若买方支付的价格超过了这一水平，那么，买方从专利权交易中实际获得的报酬率会低于其应该获得的正常报酬率，意味着购买行为并不划算；相反，如果没有足够多的其他购买者与卖方进行竞争，那么，购买者是有可能支付低于净现值的价格的，这意味着在缺少市场流动性的条件下卖方做出了利益让渡。从经济学角度看，这一利益让渡可以被视为买方由于其独特的眼光、实施专利技术所获得的创新回报，买方和卖方是共同的创新者。当然，对卖方而言，进行交易也可能是划算的，即其从专利权交易中获得的收益超过了成本或预期回报。从理论上讲，实际的交易价格会处于零和净现值之间。

使用贴现现金流法时，需要确定两类关键变量。一个关键变量是今后若干年内的净现金流入量。净现金流入量等于现金流入减去现金流出。事实上，不管是未来的现金流入还是现金流出，在今天看来都是不确定的，可能存在多个取值。在使用贴现现金流法时，实际上使用的是期望值，即未来净现金流入的期望值。

另外一个关键变量是贴现率。前面提到，贴现率的经济含义是，如果买方支付等于该净现值的价格来购买专利权的话，应该得到的最低报酬率。这里主要解释最低报酬率所包含的资金成本和风险报酬这两个要素。

首先看资金成本。任何一个企业，都会有其资金来源。企业使用资金，需要给予资金提供者回报。债权人希望能够得到利息，股东希望得到满意的红利。对企业经营者而言，投资者所期待的最低回报就是其从事经营活动所耗费的资金的成本。经营者必须使经营活动产生的利润率高于投资者期待的最低回报率，才算得上经营成功。在财务理论中，用"加权平均资本成本"（Weighted Average Cost of Capital，WACC）这个概念来测量企业的资本成本。以企业各种资本在企业全部资本中所占比重为权重，对各类长期资金的资本成本加权求和，便可得到加权平均资本成本。在计算加权平均资本成本时，需要用到股东的期望回报率。对于上市公司而言，股东的期望回报率可以借助资本资产定价模型（Capital Asset Pricing Model）来确定。该模型先估计出衡量单个公司股票系统风险的 β 系数，然后计算出单只股票的系统风险回报率，与无风险回报率加总便得到投资于该股票所应该得到的期望回报率。从计算过程可以看出，这样计算出来的成本并没有包含单个股票的独特风险或非系统风险。因此，加权资本成本可以被理解为股东所要求的最低回报率。

对处于初创期的创业公司而言，确定资本成本的方法有所不同。风险投资者们对风险基金的期望回报率在 20% 以上。因此，对引入风险资本的企业而言，在计算股权成本时，不应该低于 20%。在企业内部，又有着各种不同的经营活动，这些经营活动所产生的平均回报率应该不低于 20%。在企业各类经营活动中，购买和实施专利的风险往往偏大。例如，相对增加一条现有的成熟生产线而言，购买专利技术并实施的风险明显更大。这意味着，企业经营者在购买和实施专利时，所期待的回报率通常在 20% 以上。只有这样，才能满足风险投资者们的期待。而且，专利技术越具有新颖性和创造性，经营风险可能越大。因此，在购买专利技术时，还需要再增加一个风险回报因子。换句话说，如果企业原本的经营活动正好能满足债权人和股东的期望回报率，但是，如果由于购买和实施新技术增加了企业整体经营风险的话，债权人和股东的期望回报率也会有所提高。

那么，如何确定专利自身的风险回报率呢？理查德·拉兹盖蒂斯（2012）总结出了一套经验规则。如表 5-1 所示。[①] 其中，稍有风险的技术许可谈判中使用的折现率都超过了 20%。随着专利实施风险的增加，折现率也在增加。所增加的部分就是购买更高风险专利所要求的风险补偿。

表 5-1　技术许可谈判中贴现率与风险之间的对应关系

风险特征	折现率的近似值
无风险:市场对产品的需求旺盛可见,可使用相同厂房设备生产相同产品	8%～18%,公司贷款利率
低风险:对有现实需求的现有产品的生产进行改良	15%～20%,高于公司对其股东的目标回报率
低风险:生产具有新特征的产品,有充分证据表明市场对该产品有需求	20%～30%
中等风险:生产新产品,有证据表明公司现有客户群会对新产品感兴趣	25%～35%

---

① 理查德·拉兹盖蒂斯:《评估和交易以技术为基础的知识产权:原理、方法和工具》,中央财经大学资产评估研究所、中和资产评估有限公司译,电子工业出版社,2012,第 253 页。

续表

风险特征	折现率的近似值
高风险:使用没有完全掌握的技术生产新产品并投入现有客户群或使用完全掌握的技术生产新产品并投放于新市场	30%～40%
很高风险:使用没有完全掌握的新技术生产新产品到新市场	35%～45%
极高风险:成立新公司生产市场上没有的新产品或使用未被论证的技术生产产品	50%～70%或更高

　　对贴现现金流法有诸多批评。现实生活中也有大量失败的例子。在美国,一些投资机构或咨询机构对某些高科技公司采用该法进行估值。但最后的实际价值却与估计值差得太远。尽管有诸多批评和失败案例,但贴现现金流法却仍然在被使用。这种局面似乎可以用下面这种情形来类比。某个会游泳的人掉进了大海,希望能够找到一个小岛求生。但他并不知道附近是否有岛屿,以及岛屿离自己有多远。这时候,如果上天派使者告诉他,离他不远处有一个岛屿。尽管使者没有告诉他岛屿具体位于东南西北哪个方向,但这个信息仍然会刺激他做出求生的努力。他选择一个方向往前游,仍然有1/4的生还机会。如果是一批人落在海里,大家往四个方向均匀地游,就会有1/4的人生还。因此,尽管使者的信息并不能确保落水者一定生还,但仍然是有价值的。

　　类似地,使用贴现现金流法来估值和指导交易,并不意味着能保证某个具体项目一定能够获得预期回报率。通常,当出现新技术能够满足人类的潜在需求时,投资者们会看到一些赢利前景,并试图从不同的方向去把握赢利机会。但是,能够真正把握赢利机会的只是一部分幸运儿。另一部分投资者会失败。贴现现金流法揭示的是,如果你幸运,你就能够获得预期的回报。正如上天的使者告诉落水者,反正附近有岛屿,如果你幸运,你就能获救!

2. 25%规则

　　前文提到,按照贴现现金流法计算出来的净现值,其经济含义是专利权带来的净收益,也是卖方应该支付的最大价格。实际的交易价格会处于零和这一净现值之间。实际成交价格决定了买卖双方对专利未来产生的净收益进行分割的比例。专利定价问题也就演变成了专利利益分割问题。合适的分割比例是多少呢？根据过去的经验，买卖双方分配到的比例通常分别在75%和25%左右。Bill Lee 介绍了这一经验规则的发展历史。[①] Goldscheider，Jarosz &Mullhern（2002）提到，1938年，联邦法院在进行审判时，认为发明者应该获得10%～30%的净利润。他们认为这是25%规则的历史起源。[②]从经济学角度对这一经验规则的理解是，当专利技术被实施时，意味着新的技术构思在改变经济生活，即熊彼特意义上的创新发生了。这一创新是技术发明者和企业家联合做出的，因此，两者都要从创新中获得回报。25%规则就是两者对创新回报进行分割的惯例和经验法则。25%指的是普遍平均的分配比例，并不是所有的技术都要精确地按照25%的比例来分配净利润。具体的分配比例还取决于技术的成熟度、是否需要追加大量额外投资等目标专利的具体特征。

需要说明的是，25%规则主要是根据美国专利交易的经验和管理总结出来的。至于在中国这样的发展中国家，在专利交易时，是否也按照25%左右的比例在买卖双方中进行创新回报分割，是未知的。由于专利转让或许可交易的数据并不向公众公开，因此，并不容易验证。如果要验证，只能借助私人调查或个别机构掌握的数据。但是，如果能够对这一分配比例进行验证的话，是有趣的。倘若在中国，卖方所获得的分配比例远低于25%，则说明从事专利技术的研发和销售并不如美国同行那么收入可观；相反，如果接近或高于25%，则说明两国从事研发活动的吸引力已经差不多了。

虽然25%规则是根据经验提炼出的，但人们尝试从理论上赋予其合理性。这里介绍两种具有启发性的理论解释。一种是补偿论或激励论。该理论认为，对买方而言，购买专利技术是其从事某项创新活动的成本，从创新中

---

①　William Lee Jr.，*Determing Reasonable Royalty*，Les Nouvelles，September 1992，p. 24.

②　Goldscheider，Robert，Jarosz，John & Mullhern，Carla，"Use of the 25 Percent Rule in Valuing IP"，*les Nouvelles*，December 2002，p. 123 n13.

获得的收益则是根据贴现现金流法计算出来的净现值。通常，技术买方要求创新能够带给自己至少 3 倍的回报。从而获取专利的成本占净现值的 25%。这正好与发达国家风险投资成功率大致吻合。发达国家风险投资成功率在 20% ~ 30%，如果取均值 25% 的话，正好意味着 1 个成功项目带来的超额回报得补偿其他 3 个项目的失败。

另一种理论是内部研发论。根据这种观念，如果买方不通过外部购买来获得专利技术的话，就得通过企业内部研发来获得技术。内部研发同样需要花费成本。从美国宏观层面上看，非金融企业的研发支出占净利润的比例为 25% 左右。即平均而言，要获得 1 元净利润，需要花费在技术获取上的成本在数值上占了净利润的 1/4 左右，而不管是通过内部研发获得还是外部购买获得。这一理论解释体现了研发活动方式上的均衡状态。即对整个社会而言，在对内部研发和外部研发进行选择时，在均衡状态处，这两种方式产生的研发回报率应该相等。

将评级法与 25% 规则结合起来，就容易为交易双方给出参考价格了。如果评级报告给出的是净利润所处的区间，如果将区间上下限乘以 25%，便得到了参考价格区间。

此处将 25% 规则归为收益法。这是因为这一规则着眼于对未来收益的分割。事实上，将其归入市场法也未尝不可。既然这一规则已经被执业者广泛采用，那么，就是普遍的市场惯例了。

3. 引入蒙特卡洛模拟的收益法

前面介绍贴现现金流法时，对未来现金流量的预测仅仅是单个期望值。然后，再以风险回报率为折现因子，将未来的现金流量折算成净现值。而将蒙特卡洛模拟引入估值过程中的思路是，直接将影响未来现金流量的若干因素设置为随机变量。然后，对这些随机变量进行抽样取值或模拟。再根据每次模拟的结果计算出专利权价值。这样折现出来的专利权价值本身也是一个随机变量。也就是说，在引入蒙特卡洛模拟之后，专利估值给出的结果不再是一个单值，而是一个服从某种分布的随机变量。

如今，蒙特卡洛模拟可以很方便地借助软件来实现。美国 Decisioneering

公司开发的 Crystal Ball 软件可以方便地作为 Excel 的插件进行使用。[1]
表 5-2 是一个简化了的专利实施净现金流表格，包含产品收益、工艺调整
成本、生产成本。净现金流入是前者减去后两者的差。假定专利权有效期为
5 年，通过对 5 年的净现金流入折现求和即可得到专利权价值。借助 Crystal
Ball 提供的功能，可以直接将产品收益、工艺调整成本、生产成本这三个影
响净现金流入的因素设置为服从某种分布的随机变量（被称为"假设变
量"）。然后，再要求软件进行抽样模拟。根据每次模拟，都可以计算出一
个专利权价值样本。经过大量模拟后，便得到了一个专利权价值的分布结果
（被称为"目标变量"）。软件会直接给出对专利权价值的模拟结果，包括分
布图、方差和均值等信息。此外，还可以给出敏感度分析，即专利权价值对
各个影响因素变动的反应敏感程度。

表 5-2　简化的专利实施净现金流

单位：元

类　别　＼　年　代	第 1 年	第 2 年	第 3 年	第 4 年	第 5 年
产品收益	100	120	180	200	200
工艺调整成本	80	20	0	0	0
生产成本	30	35	40	50	50

4. 从实物期权角度出发的收益法

实物期权法的诞生，与人们对贴现现金流法的不满有关。其中一个不满
是，贴现现金流在对现金流进行折现时，隐含着各个时期的现金流入和流出
的期望值一旦被人为设定，在未来便不会变动了。事实上，随着时间的推
移，企业可以采取措施来规避不利事件。例如，在上表中，产品收益、工艺
调整成本和生产成本均被设定为均值和方差既定且服从某种分布的随机变
量。那么，如果在第 1 年出现了一个不利的小概率事件，导致继续实施该项
目并不划算，那么，企业就可以中途选择放弃生产。因为放弃生产后的净现

---

[1] 赵卫旭：《运用 Crystal Ball 的投资项目内部收益率多因素敏感性分析》，《财会月刊》2012
年 8 月。

值会大于不放弃生产的净现值，所以放弃是有利的。而在上面的蒙特卡洛模拟中，并没有考虑到选择放弃带来的价值。因此，通常认为，使用普通的贴现现金流法会低估专利权的价值。

不妨使用以下情景来形象地说明这一问题。妻子出门时忘了带雨伞。家里的丈夫望着布满阴霾的天空，判断可能会下一场大雨。他预测，妻子回家时可能会有两种模样。一种是大雨没有下下来，妻子完好无损；一种是被大雨淋了个落汤鸡。但他忽略了行为者在遇到不利情形时可以采取规避措施的可能性。事实上，妻子在雨大时找了一处躲雨。待雨小时才回家，从而并没有被淋成落汤鸡。类似地，传统的贴现现金流法没有考虑到行为者在不利情形下可以采取规避措施，从而把情况估计得过于糟糕。

实物期权法中通常使用的两种具体方法分别是 Black – Scholes 模型（以下简称"BS 模型"）和二叉树模型（Binomial Tree）。BS 模型和二叉树模型分别适用于欧式期权和美式期权的定价。通常认为，二叉树模型更适合专利权估值。二叉树模型由 Cox、Ross 和 Rubinstein 于 1979 年提出。如今可以借助一些软件如 DerivaGem 或 Excel 来快速计算。如果将其应用于专利权估值，则基本思想如下。

当人们购买专利权时，类似于支付了一笔购买看涨期权的期权费。所谓"期权"，即可以选择做或不做以及什么时候做的权利。例如，一份 3 个月的看涨期权，意味着持有者可以在 3 个月内按照期权合约规定的执行价格购买约定数量的产品，而不管行权时的市场价格为多少。如果不划算，就可以不行权，此时的最大损失就是一笔期权费。类似地，买下专利权后，如果环境有利，购买者会立即配置生产设备和人员，使用专利技术生产产品，并通过销售获得净现金流；相反，如果环境不好，购买者可以延期乃至放弃实施专利权。如果购买者最终放弃实施专利权，那么，购买专利权的费用就白白投出去了。此时，买方的损失顶多就是专利购买费。正因为购买专利权意味着实施专利的权利，而不是实施的义务，因此，专利购买费就类似于期权费，从而可以借助期权定价公式来对专利权进行价值评估。

对期权定价时，需要用到执行价格、市场价格、有效期限、波动性和贴现率这几个概念。将专利权视为期权时，执行价格主要指将专利权投入生产时，配置生产设备、人员所需花费的成本。市场价格指实施专利权实际能产生的净现金流的现值，期限指专利权的剩余有效期。波动性指专利权"市场价格"的波动性，由于专利权并没有高流动性的市场价格可供参考，因此，波动性实际上指实施专利权实际能产生的净现金流的现值的波动性，可以借助一些方法进行估计。贴现率使用的是无风险利率，这基于风险中性的假设。

下面，以专利权估值为背景，来介绍二叉树期权定价公式的推导和计算。假设某项专利权的价值为 V。这一市场价值本身会随着时间推移和环境变化而波动。二叉树模型中，假设专利市场价值的波动只有两种可能，一是以概率 p 增加为原价值的 u 倍（$u > 1$）；二是以概率 $1 - p$ 减少为原来的 d 倍（$d < 1$）。而且，$u = 1/d$。进一步地，假设时间是离散的。于是，在第 1 期终止时，专利权市场价值的期望值为 $puV + (1 - p) dV$。

接下来引入的一个假设是风险中性。即对投资者而言，让不确定的专利权价值 V 自然增值所得到的值正好等于当时的期望值，即：

$$Ve^{r\Delta t} = puV + (1 - p) dV \tag{5-2}$$

进一步假设专利权价值 V 服从几何布朗运动，则根据几何布朗运动的特性，在很短的时间间隔 Δt 处有专利权价值变化的方差为 $V^2\sigma^2\Delta t$。又根据方差计算公式 $Var (V) = E (V^2) - [E (V)]^2$，可以得到下式

$$V^2\sigma^2\Delta t = pu^2 V^2 + (1 - p) d^2 V^2 - V^2 [pu + (1 - p) d]^2 \tag{5-3}$$

根据以上几个式子，可以推导出下列三个式子：

$$u = e^{\sigma\sqrt{\Delta t}} \tag{5-4}$$

$$d = e^{-\sigma\sqrt{\Delta t}} \tag{5-5}$$

$$p = (e^{r\Delta t} - d) / (u - d) \tag{5-6}$$

三个式子说明，专利权价值波动大小取决于 σ 和时间长度。概率 p 也间接地取决于它们。进一步地，将专利权的有效期划分为 N 个部分，每部分的长度都为 Δt。O_{ij} 为第 i 期 j 节点处的市场价格，从该价格运动到（$i + 1$，

$j+1$）时，向上和向下运动的概率分别为 p 和 $1-p$。因此，第 i 期 j 节点处的市场价格可以被写成：

$$O_{ij} = e^{-r\Delta t}[pO_{i+1,j+1} + (1-p)O_{i+1,j}] \qquad (5-7)$$

这提供了一种借助下一期的价值往后追溯的方法。接下来，假设知道最后 1 年的市场价值 F_{nj} 的分布，取

$$O_{nj} = \max(F_{nj} - I, 0) \qquad (5-8)$$

其中，I 为执行价格，即为实施专利权所花费的设备人员等支出。而 F_{nj} 则可以根据下式计算出来：

$$F_{nj} = u^j d^{i-j} V \qquad (5-9)$$

随机变量 O_{nj} 揭示了最后一期有行权价值的各个值以及没有行权价值从而被弃权的各个状态。在此基础上，就可以倒推出期权的价值。下面以某个具体专利权的估值为例对上述原理进行说明。表 5 - 3 给出了关于该专利权的各个参数。表 5 - 4 则给出了各个阶段的期权价值。[①] 最右边的数字 68.89 便是层层倒推出来的最终的期权价值。而专利权的当前价值则等于现行价格减去行权价格后，再加上期权价值。即专利估值 = 54 - 58 + 6.47 = 2.47。

表 5 - 3　实物期权模型的参数取值

参数	V	I	r	Δt	σ	δ	u	d	p
值	420	438.63	3.52%	1	53.74%	0.1	1.7116	0.5843	0.3131

表 5 - 4　实物期权模型中各期的期权值

0	0	0	0	0	0	0.60	3.54	12.02	31.21	68.89
0	0	0	0	0	2.00	10.37	32.01	76.90	159.42	
0	0	0	0	6.61	29.92	83.14	184.18	358.70		
0	0	0	21.88	84.47	209.42	426.90	782.62			

---

① 孙兴：《基于二叉树模型的药品专利价值评估》，辽宁大学硕士学位论文，2014 年 5 月。

续表

0	0	72.38	231.47	507.50	952.88	1652.56			
0	239.47	606.95	1171.15	2039.03	3376.66				
792.22	1482.63	2542.93	4176.36	6697.92					
3166.93	5160.07	8237.78	12995.33						
10123.20	15932.47	24919.79							
30500.33	47488.24								
90191.39									

5. 利用收益估值的其他方法

我国业界也对构建新的专利估值方法进行了尝试，产业法便是其中之一。[①] 该方法的估计公式如下。

$$p = p_m \cdot \overset{.}{p} = (\omega \cdot \theta \cdot Q/N) \cdot \overset{.}{p} \tag{5 - 10}$$

$$\overset{.}{p} = f(c,t) = t + c \tag{5 - 11}$$

其中，p 指待估专利价值；p_m 指所属产品专利价值均值；$\overset{.}{p}$ 指待股专利特征指数，取值区间为（0，2）；θ 指所属产业专利敏感系数，取值区间为（0，1）；ω 指专利价值回报期望指数，取值区间为（0，1）；Q 指待估值专利所属产品币值；N 指待估值专利所属产品获得授权专利数；t 指待估值专利性参数，取值区间为（0，1）；c 指估值专利所属企业市场影响参数，取值区间为（0，1）。

产业法从整个产品的行业产值出发来估值，其优点是赋予了专利权价值一个比较切合实际的锚，有助于专利权估值不至于漂移得太高太离谱。不过，从理论上讲，该公式有三个缺陷。一是关于专利权的价值分布的假设与现实不符。一些学者的研究显示，专利权价值的分布呈现高度偏峰状，而不是均匀分布；二是使用该方法难以评出高价值专利。借助上述公式，可以看

---

① 王虎：《专利价值分析实务与案例分析》，《2014 广东省专利价值分析培训班培训材料》2014 年 8 月。

到，一个产品中估值最高的专利的价值仅是平均专利的两倍。而专利权价值分布的特点是，大量专利价值偏低，极少量专利具有远超过平均水平的价值；三是以过去一年已经实现销售的产品的行业市值来作为估值的依据，没有将今后若干年的收益考虑进来。而专利权的价值更多地源自未来。尽管如此，具有自身的独特优点，该方法给出的评估结果仍然不失参考意义。

二 专利效能信息在改进价值评估结果中的积极作用

在对同一项专利进行估值时，不同的专利分析方法得出的结果很难相同。某国外专利交易所声称所接触过的几百种专利估价方法，每种方法的结果几乎都不相同。① 接下来要回答的一个问题是：如何评价形形色色的评估方法的优劣呢？如果对各类评估方法没有一个统一的评价标准，那么，专利价值评估就似乎成为一门各说各话的艺术，让使用者不知所从。一项或一组专利带给其拥有者的价值受到了企业自身特点、上游的供应商、与自己在同一领域内竞争的其他企业、潜在的进入者和下游客户的特征、专利权自身特征的影响。在评价专利价值时，越能够充分利用这些信息的方法给出的结果也越可靠。

专利文献包含与专利价值相关的大量信息。在评价专利时，需要综合考虑专利文献中的效能信息、技术信息和权利信息。如前文所述，技术信息实际上决定了产品的生产函数和成本函数，效能信息决定了市场需求状况。权利信息则决定了市场势力大小或被竞争者替代的可能性。一个好的专利价值评估方法，必须综合考虑这三方面的信息，否则就是有缺陷的。这也意味着，当专利交易者拿到一份对该专利进行价值评估的报告时，可以通过判断该报告是否缺失了技术信息、效能信息和权利信息中的某一个或某几个，来

---

① Ashby H. B. Monk, "The Emerging Market for Intellectual Property: Drivers", *Restrainers and Implications*, 2009, http://ssrn.com/abstract=1092404.

对该报告的评估结果进行调整。

前文所介绍的几种专利价值评估方法，其实都离不开对专利效能信息的分析。可以说，任何一种专利价值评估方法，如果没有专门针对目标专利和相关专利的效能展开分析和评估的话，那么，其评估过程都是粗糙的，评估结果的可信度也不会高。接下来，我们看看应该如何在前述几种评估方法中引入对专利效能的分析。

（一）在市场法中引入专利效能信息的思路

市场法中的单项比较法指找出近期一笔类似专利交易为参照，将目标专利与被参照专利进行比较，在被参照专利交易价格的基础上进行调整，确定目标专利的交易价格。不难看出，在进行比较时，对两件专利的效能进行分析是非常必要的。分析者需要找出目标专利在哪些功能上比被参照专利具有更佳或更弱的效果，并评估效能上的差异对专利价值可能产生的影响，在此基础上，对被参照专利的价格进行调整，从而得到比较可信的目标专利价格。下面笔者亲自构造一个例子来说明调整的步骤。

假设在对专利 B 进行评估时，发现该专利与前不久被成功转让的专利 A 都是专门被用于同一种领域的方法专利。专利 A 的转让价格为 210 万元。选择专利 A 为被参照专利。与市场上所使用的现有技术相比，专利 A 具有节省加工时间、节省原材料和环保三大良好特征。进一步的分析发现，这三大良好效能对专利 A 价值的贡献度分别为 100 万元、80 万元和 30 元，如表 5 –5 所示。接下来，对专利 B 进行效能分析，发现该专利和被参照专利都具有节省加工时间和节省原材料两大优点，但不具备环保这一优点。此外，目标专利还具备自身独特的一个特点即节省电力。

在找出这些效能上的差异后，还需要对这些差异进行量上的比较。借助对专利文献的分析，技术人员认为，目标专利虽然比现有市场通用技术更能节省加工时间，但省下来的时间仅相当于专利 A 的 80%；在节省原材料方面，目标专利表现更突出，所节省的原材料是被参照专利的 120%。由于目标专利并不具有环保功能，因此取值为 0。我们称 80%、120% 和 0 为专利

B 的效能取值系数。上述三个效能对目标专利的价值贡献度可以通过用专利
B 的效能取值系数乘以该效能对专利 A 的价值贡献度得到。

　　此外，目标专利还具有一个独特的效能，即能节省电力。对这一个效
能，可以不用计算其取值系数，而是直接对所节省电力对专利价值的贡献度
进行估计。在表 5 - 5 所示的例子中，这一效能对目标专利的价值贡献度为
10 万元。

　　接下来，直接将节省加工时间、节省原材料和节省电力这三项效能对专
利 B 的价值贡献度进行加总，便得到了单项比较法下目标专利的估值。在
表 5 - 5 所示的例子中，估值为 186 万元。

表 5 - 5　单项比较法中的效能分析

单元：元

效能 ＼ 专利	专利 A 取值	对专利 A 的价值贡献度	专利 B 效能取值系数	对专利 B 的价值贡献度
节省加工时间	1	100	0.8	80
节省原材料	1	80	1.2	96
节省电力	0	0	X	10
环保	1	30	0	0

　　效能分析也能帮助交易者们更好地使用行业比较法。尽管行业历史成交
价格的分布状况为专利估值提供了一定参考，但在确定某个特定专利的价值
时，效能分析仍是不可或缺的关键环节。具有突出效能的专利其估值必定高
于那些效能不突出的专利，从而价值应该更靠近行业转让价格或许可费率分
布的顶端。如前文所述，Degnan & Horton（1997）根据创新程度对专利进
行分类，并认为创新程度对专利估值产生影响。但是，有些时候，技术上的
革新并不一定意味着效能上的改进。例如，某项专利技术虽然采取了全新的
设计方法，但在实际运用中，并不具备任何优于现有技术的效果。这样，该
专利技术的估值几乎可以取零。那么，为什么他们的研究结果显示，创新程
度确实会影响专利估值呢？原因在于，当他们把专利分为变革型、重大改进
型和次要改进型这三类时，实际上已经考虑了专利实施的效果。例如，从字

面上看，"重大改进"一定会比"次要改进"具有突出的良好效果。

在评级比较法中，确定划分等级的各个因素及其权重是评级方法的关键。划分好等级后，每一个等级就大致对应一个成交价格或许可费率的区间。那么，如何确定划分等级的各个因素呢？在 Arnold & Headley（1986）列举的影响专利许可价格的 100 个因素中，诸多因素都受到效能的直接或间接影响，或者反过来直接或间接地影响到效能的实现。[①] 其中许多因素与专利效能有关。例如，专利技术是否能够被大规模地投入商业生产和技术是否容易过时，影响着专利的独特效能被消费者用货币投票认可的可能性和持续性；被许可方面临的整体市场规模和被许可方进行营销的能力影响着目标专利技术能够在多大范围内满足消费者；技术的创新性是突破性的还是渐进性的、被许可方的潜在利润均受到专利技术所具有的功能的效果大小影响。替代性技术的卖方出价对目标专利的报价形成了某种竞争和抑制效应，但如果目标专利比替代性技术的功能在效果上突出很多，则这种抑制会小得多。可见，在构建专利评级方法中，同样离不开对效能的分析。可以用下列数学公式来简要概括将效能信息引入到评级中去的思路。

$$Y = a_0 + \sum_{i=1}^{m} a_i E_i + \sum_{j=1}^{n} a_j X_j \qquad (5-12)$$

公式（5-12）与公式（5-1）所展示的基本评级公式相比，多了一组效能向量 E。尽管 X 所代表的专利特征中有些特征会与 E 相关，但是，X 毕竟不能完全代表 E。因此，如果能够将测量效能的向量 E 单独列出来，并且采用恰当的估计方法克服 E 和 X 相关所带来的问题，那么，评级的精确度会得到提高。

（二）在收益法中引入专利效能信息的思路

如前所述，贴现现金流法通过对专利技术带来的未来净收益进行折现，

---

① 理查德·拉兹盖蒂斯：《评估和交易以技术为基础的知识产权：原理、方法和工具》，中央财经大学资产评估研究所、中和资产评估有限公司译，电子工业出版社，2012，第253页。

得到一个净现值，以此作为专利权的价值。使用贴现现金流法时，需要确定两个关键变量。一个关键变量是今后若干年内的净现金流入量。净现金流入量等于现金流入减去现金流出。显而易见，专利技术独特功能的效果大小决定着未来的现金流入量和流出量。如果效果突出，则预期现金流入量大；如果该效能非常容易被消费者接受，则无须花费多少营销费用，现金流出量少；另一个关键变量是用来折现的比率（折现率）。其经济含义是，如果买方支付等于该净现值的价格来购买专利权的话，应该得到的最低报酬率。这一最低报酬率包含无风险利率、资金成本、风险报酬乃至预期通货膨胀率。其中，风险报酬与效能有关。如果目标专利的独特效能难以使用其他的技术路径来实现，则意味着其独特性容易维持，所面临的竞争风险较小，从而估值可以高一些。

接下来分析效能信息在 25% 规则中的使用。如前所述，根据美国专利交易的经验，买卖双方分配到的净利润比例通常分别在 75% 和 25% 左右。使用 25% 规则时，首先需要对目标专利未来可能带来的净现金流或净利润进行估计，然后乘以 25%，得到一个基准价格。在对净利润进行估值时，离不开对效能的评估。但是，这样得到的基准价格并不是最终价格。要得到最终价格，还需要在 25% 的基础上再加上或减去一个特定比率。同等条件下，专利技术具有效果越好的独特功能、技术越成熟，就可以获得越高的追加比率。最终的估值可能会超过净利润的 30%。可见，在使用 25% 规则时，效能信息在评估过程的两个步骤中都发挥着作用。

如前所述，在引入蒙特卡洛模拟之后，专利估值给出的结果不再是一个单值，而是一个服从某种分布的随机变量。未来现金流量受到消费者对专利产品独特效能的认同程度、竞争企业以不同方式迎合消费者的效果等因素的影响。尽管消费者对某种独特效能的认同程度是相对稳定的，但是，市场中却可能不断涌现出竞争性的技术。这些技术的替代性取决于其独特效能相对于目标专利的吸引力。会涌现出多少个竞争性的技术、各个竞争性技术独特效能的相对吸引力有多大，是不确定的。这使得用蒙特卡洛模拟来估值具有合理性。在蒙特卡洛模拟中，在确定未来收益的期望和方差时，借助效能信息，有利于做出相对准确的判断。例如，专利独特功能的效果越突出且被消费者认同的程度越高，未来收益的期望值就越高；越不容易出现替代性的技术，方差就越小。

在使用实物期权法对专利估值时，需要用到专利的当前市场价格、当前市场价格的波动率、实施专利的成本等参数。实物期权法的基本模型是固定不变的，但在被用来评估各个具体专利时，上述参数却并不相同。如果能够相对准确地估计这些参数，那么，用实物期权模型来估值就会更精确一些。可以说，专利技术的效能特征对上述三个参数都有影响。专利技术的当前市场价格是根据比较法或贴现法估计出来的，这离不开对效能的解读；当前市场价格的波动率也受到目标专利效能的独特性和竞争技术对其替代性的影响；实施专利的成本受到让目标专利产品的独特效能成功地被消费者认同和接受的影响。可见，实物期权模型的使用同样离不开对专利效能的详细分析。

前面提到的产业法的基本思路是，先求出"平均专利"的价值，然后再根据待估值专利的特性和专利所属企业市场影响参数对平均专利的价值进行调整。这样便得到了待估专利的价值。所谓"平均专利"，即该方法先假设某个特定行业中，所有专利对该行业的产值贡献是相同的，从而具有相同的价值。这个价值便是平均专利的价值。在对平均专利的价值进行调整时，该法所采用的调整系数使得一个产品中估值最高的专利的价值仅仅是平均专利的两倍。这与人们对专利分布具有高度偏峰的认识不符。那么，如何克服这一问题呢？可以根据专利所具有的效能大小来设定调整系数。这样，具有非常突出的效能的专利，其估值就可以是平均专利的很多倍。高价值专利就不会被低估了。

（三）利用效能信息对互补性专利估值的思路

利用专利效能信息，可以解决对互补性专利进行价值评估时遇到的分配难题。专利从业者们有时候会遇到这样一种情形：生产某种产品时，需要用到多个专利。在这种情况下，如何确定其中单个专利的价值？先估计该产品所用到的专利组合的整体价值，似乎比确定单个专利对多专利产品的贡献率容易一些。不过，一旦估计出了专利组合的整体价值，又该如何将这一整体价值在组合内的专利之间进行分配呢？

显然，将整体价值在组合内专利之间进行平均分配是不合适的。因为不同专利对产品价值的贡献度通常是不相同的。有些专利是基础性的，它们提供了构建某种产品的基本技术思路。可以说，脱离了这种专利，某种产品就没法被生产出来。例如，平衡车的最初发明人是美籍华人 Shane Chen，他拥有专利号为 US8738278 的美国专利，该专利保护了"电池驱动双轮滑行"的概念。[①] 该专利为人们提供了一种现实可用的新产品，该产品能够让人站在连接两个轮子的轴板上自动前行。而有些专利是改良性的，例如让平衡车更省电、充电更快、寿命更长、提高速度、易于刹车控制的专利技术。显而易见，这两类专利的价值应该有所差别。

改良性专利的价值相对容易确定。例如，就某种更省电的专利而言，平均行驶路程中所节省下来的电是可以估计的，而消费者对这一省电功能的认同程度或者愿意为这一功能所支付的货币数量也是可以估计的。根据消费者为专利所具备的特殊效能的付费意愿，就可以估计改良型专利的价值。而基础性专利的价值则可以在专利组合的整体价值的基础上减去所有改良性专利的价值总和。也就是说，当使用某种基础性专利技术和多个改良性专利技术生产某个产品时，从专利组合的整体价值中扣除了改良性专利价值的剩余部分，就是基础性专利的价值。

需要说明的是，许多基础性专利在诞生初期并不具备优良的使用性能。例如，19 世纪下半叶，贝尔实验成功的通话技术和爱迪生发明的第一只电灯泡的使用寿命都很短。如果没有后续的改进，并不能取得理想的使用效果。但并不能因此而否认或低估基础性专利的价值。如果没有基础性专利将前所未有的技术方案付诸实施，就不会有后来的改良。所有的改良都只是在从不同的方向完善基础性专利的效能。因此，对于基础性专利的估值，应该

---

① 马天旗：《专利分析——方法、图表解读与情报挖掘》，知识产权出版社，2015。

采用与改良性专利不同的方法。

市场实践活动也支撑了基础性专利的价值高于普通专利。一些基础性专利的交易价格非常高。从市场结构看，基础性专利往往是进入一个行业所必须使用的专利，数量少，且很难绕开；而改良性专利通常并不是进入一个行业时必须使用的专利，进入者可以在不同的改良性专利之间进行比较和选择。因此，基础性专利的个数少且潜在需求者广泛，改良性专利的数量多、替代性强且潜在需求者少。从经济学角度看，这两种类型的专利处在不同的市场结构中，前者具有高度垄断性，且面临更大的市场需求；后者则处于买卖双方数量都较多的更具竞争性的市场结构中。所以，前者能收取垄断性的高额许可费或转让费，后者收取的费用价格则通常低一些。

三　在专利价值评估中引入效能信息示例——以 IPscore 软件为例

（一）IPscore 软件中用来评估专利价值的基本公式

IPscore 软件问世于 2001 年，是欧洲专利组织提供的一款免费专利价值评估应用软件，由丹麦和欧洲其他一些国家的专业机构联合开发。该软件的特点是试图在专利价值评估中系统地考虑被估专利在财务特征、法律状态、技术因素、市场环境和战略特征等多个方面的特征。企业在进行经营决策，如制定许可或转让价格、判断是否有必要继续缴纳专利维持费和判断目标专利是否值得被投资转化时，可以参考专利估值结果。该软件是基于贴现现金流法进行评估的，公式（5-13）是其采用的基本公式。

$$PV = \sum_{i=1}^{n} \frac{R_i - C_i}{\beta} \qquad (5-13)$$

其中，R_i 代表专利在第 i 年带来的收益，C_i 代表专利在第 i 年耗费的成本，β 代表折现因子。n 代表包括专利研发时期和专利权保护有效期在内的生命周期。各年的收益和成本是基于"专利所属技术领域的销售额"这个指标确定的。该指标则是根据拥有专利权的公司的财务报表推算出来的。软件设计了一个专门的窗口要求输入持有专利权的公司的一些基本财务数据，具体包括销售总额、直接成本、间接成本、折旧准备、净利润、折旧期限，然后，根据目标专利所属的技术领域对企业销售总额的贡献份额和公司市场销售总量的增长速度这两个指标计算出各年的"专利所属技术领域的销售额"。表 5-6 所示的窗口提供的专利估值一览表展示了估值时所要用到的主要指标，并根据窗口中的数字给出了目标专利的价值

表 5-6　IPscore 专利估值一览

Ipscore 样本专利的净现值计算结果及依据		
样本专利的净现值为		47.239
（折现率为 10%）		
该计算结果基于以下假设		
因素	评估状态	财务核算中对应的假设值
商业化之前的技术开发时间长度	2 年	2
市场增长率	非常高	15%
目标技术在市场中的语气寿命	4 年	4
带动潜在的相关商业领域销售额	大	6%
商业结果的可持续性	四级	25%
未来的开发成本	非常高	15%
生产成本	不增不减	1
生产设备的投资密度	与当前密度相当	1
来自公司账户的财务结果		
——商业销售额		392
——直接成本		270
——间接成本		21
折旧率		0
净现值		96
商业领域的界定		
占当前公司销售额的份额		15%
用作计算的参数		
——折现因子		10%
——公司整体市场的增长率		4%

专利在第 i 年带来的收益 R_i 是根据目标专利对"专利所属技术领域的销售额"所贡献的增加值计算出来的。具体计算公式是：

专利在第 i 年带来的收益 R_i = 整体业务销售额 × 与专利技术相关的领域所占的比重 × 使用专利技术时相关业务领域的预计增长幅度 × 相关业务领域的市场增长速度 = 相关业务领域的销售额估计值 – 整体业务销售额 × 相关业务技术领域所占的比重 × 不使用专利技术时仍然能够拥有的相关业务领域销售额的份额 × 相关业务领域的市场增长速度

专利技术所属业务领域的销售额规模也是测量专利技术带来的成本支出的关键概念。成本包括以下三个方面：在专利技术能够进入商业运作之前，所需要的开发成本；专利技术所招致的生产成本；对公司投资需求的影响，例如，当专利技术需要对机器设备升级改造时，需要追加新的投资。相反，当专利技术可以完全依托现有的生产设备实施时，则无须追加任何投资。计算这三项成本的公式分别如下。

商业化之前的开发成本被描述为相关业务领域销售额的百分比。最后一项"研发所占的百分比"又是如何被确定的呢？它包括专利申请成本、市场导入成本等，公式为：

开发成本 = 全部销售额 × 相关业务领域销售额占全部销售额的比重 × 研发所占的百分比

专利技术对生产成本的影响如下。当与专利技术相关的产品进入市场时，公司面临着生产成本。且生产成本随着公司销售额变化而变化。公式为：

专利技术的生产成本 = 专利技术的预计销售额 × 生产成本指数 × (1 – 净利润率)

其中，生产成本指数又是通过以下方式确定的：专利相关产品的未来生产成本是通过当前生产成本的水平来进行评估的。为此，需要确定专利相关产品是否会由于专利技术的采用而导致产品以更为简单容易的方式生产出来。或者相反，即专利技术的实施导致生产工艺更加复杂和昂贵。在给分时，生产成本被描述为专利技术实施导致当前生产成本变动的百分比。

专利技术影响投资的公式为：

$$投资额度 = 预计的业务领域销售额 \times (投资密度 \times 投资指数)$$

其中，投资密度＝投资额/销售额。实施专利技术对投资有双重影响。其一，专利技术实施会导致生产活动增多、生产能力扩张和投资需求增加；其二，专利技术，如果依赖于一整套新的生产技术，会要求生产设备的升级。这一对投资的影响与投资密度有关。投资密度又取决于当前的生产设备是否能够全部或部分地被用来生产专利产品。如果实施新技术意味着需要更复杂的生产技术，那么，伴随着投资额的上升，投资密度会上升；如果当前的生产设备完全可以被用来生产专利产品，那么，投资密度保持不变。投资密度是结合公司的贴现条款和销售额来衡量的。投资水平和频率取决于所设定的折现期限。因此，计算投资水平的基础是每年的折现率乘以贴现期限。这一数字再乘以投资密度，乘以业务领域的销售额。这意味着业务领域的销售额将在折现期内被一个固定的生产能力支持。投资指数是用百分比变化来刻画的，即与当前生产工艺所匹配的投资密度的百分比的变化。如果必要的生产技术花费的成本和现有技术一样，取值为100％；如果更便宜，就少于100％；反之，高于100％。

时间因素是这样确定的。该软件将专利在市场中的最长寿命设置为10年。这包括了开发时期和专利技术能够在市场中产生收益的时期。包括了商业化之前的阶段和专利技术的预期生命周期。第一个评估因素是在专利被商业化之前，需要多长的时间。这确定了专利技术预计什么时候被投入市场，从而标志着未来开发成本的开始和长度。第二个评估因素是专利技术在市场中的预计寿命有多长。这确定了专利产品上市之后到什么时点停止进行折现计算。

IPscore不仅可以被用于评估单个专利，而且可以用来联合评估多个专利的价值。例如，某个新产品的生产会使用到多个专利，那么，对这些专利进行联合估值，会有助于对该产品盈利前景的预测。另外，当某个专利可以被用于多个产品或工艺中时，该专利对多个产品或工艺的贡献值都需要被算入该专利的价值中去。

（二）折现因子的确定

专利估值的结果还会被展示在流动性预测图和净现值图中。流动性预测图展示了专利技术预计会产生的收益和成本流量，从而为将十年有效期内的流量折算成净现值提供了依据。净现值的经济含义是，如果企业打算将专利技术出售的话，应该索取的最低价格。这就是所要评估的目标专利的价值。该软件设定了不同的折现因子，从而可以获得不同的净现值。

折现因子是根据投资回报和投资风险来选择的。根据折现因子计算折现现金流的做法，被广泛应用于投融资、不动产开发和专利价值评估等经济活动中。18世纪和19世纪就已经被用于工业投资，20世纪80年代和90年代，开始被广泛应用于美国法院判决中。计算出来的折现现金流的经济含义是："在给定的回报率水平下，为了获得特定的未来现金流，需要的当前投资是多少？"折现率的大小取决于货币的时间价值和风险补偿。货币的时间价值是由人们对货币的时间偏好决定的，即人们愿意持有今天的货币的程度超过了愿意持有明天的货币的程度。因此，如果要人们放弃今天的货币转而持有明天的货币，就需要对其支付一定的补偿[①]；风险补偿则是对人们在未来可能不会收到所预计的现金流进行的补偿。在将折现因子输入软件中时，可结合行业平均资产收益率、资本资产定价模型和风险结构等信息确定折现因子。从风险结构上看，折现率由无风险回报率和风险回报率组成，风险回报率又进一步地包括技术开发、成本控制、市场导入、法律风险等各种风险，随着各类风险的加大，风险回报率也增加。

为了让评估者在输入财务数据进行估值时，对专利自身的特性有更全面准确的了解，IPscore还设计了专门的窗口来收集关于目标专利的法律特征、技术特征、市场特征、专利与公司战略之间的相关性大小等方面的特征。估值者最好先输入这些数据，然后再输入财务数据进行估值，这会使得输入财

---

① 理查德·拉兹盖蒂斯：《评估和交易以技术为基础的知识产权：原理、方法和工具》，中央财经大学资产评估研究所、中和资产评估有限公司译，电子工业出版社，2012，第220页。

务数据时已经充分考虑到了专利的法律、技术、市场和公司战略方面的特征。这些特征还影响到折现因子的取值。例如，在技术特征中，要求判断是否容易针对目标专利生产侵权仿制品。越容易生产侵权仿制品，专利价值的波动性就越大，折现因子就越大；又如，在市场特征中，要求判断专利产品是否容易被市场上的其他产品替代，越容易被替代，价值就越不稳定，折现因子也越大。相反，如果目标专利与公司发展战略高度相关，或者目标专利面临在多个国家实施的可能性，那么，其价值就会相对稳定，折现因子也越小。

此处，以法律特征为例，具体阐述该软件对这些相关特征的处理方式。一共有八个窗口被用来收集专利的法律状态。这八个窗口分别从专利授权状态、专利强度状态、专利剩余有效期限状态、专利宽度状态、专利权覆盖地域、专利权维护手段、专利侵权监控状态和所处市场的司法环境状态来描述目标专利的法律特征。每个窗口能够给出的最高分均为 5 分，最低分为 1 分。所以，一个专利的法律状态的最高得分为 40 分。

进一步地，专利的授权法律状态被分为五个档次，分析者从中选择一个档次，各个档次从 1 到 5 取值。赋值的原理是，当一项专利在专利审查程序中走得越久，其法律状态就越好。例如，已经提交了专利申请的潜在专利的法律状态良于尚未提交的潜在专利，已经经过新颖性和其他可专利性条件初审的潜在专利的法律状态良于刚刚提交的潜在专利，已经得到授权的专利的法律状态又良于那些还处在答辩环节的潜在专利，授权后已经过了专利反对期限的专利在法律状态上优于那些还处于专利异议期限内的专利。

类似地，在判断专利强度的法律状态时，取值从 1 到 5 的状态依次是没有进行新颖性检索、已经完成了简单数据库的检索、全国范围内进行了新颖性或相似性检索、国际范围内的新颖性检索和新颖性检索与侵权检索；在判断专利剩余有效期限的长度时，取值从 1 到 5 的状态依次是专利还有 0~2 年的有效期、专利有 2~4 年的有效期、专利有 4~8 年的有效期、专利有 8~12 年的有效期、专利有超过 12 年的有效期。取值越高，专利面临的机遇越多；在判断专利宽度时，取值从 1 到 5 的状态依次是权利要求非常狭窄和具体、权利要求比较狭窄、权利要求的保护宽度合理、权利要求保护范围比较宽、权利要求涉及一个普遍的原则；在判断专利的地域范围与相关领域市场之间的关系时，取值从 1 到 5 的状态依次是仅在市场所在的一个国家中有专利保护、在市场所在的一些国家中有保护、在市场所在的大多数国家有保护、在现有市场所在的所有国家中有保护和在现有市场所在的所有国家及潜在市场所在的所有国家中均有保护。取值越高，专利面临的机遇越多；在判断专利是否进行了侵权监控时，取值从 1 到 5 的状态依次是完全没有进行侵权监控、通过销售经理的报告进行随机监控、选择一些具有竞争关系的产品进行某种程度上的系统监控、对整个市场进行系统监控和有一套监控全球市场的程序化模式。取值越低，专利面临的风险越高；在判断反映所处市场的司法环境状态时，取值从 1 到 5 的状态依次是司法程序已经成为一套成熟的惯例、司法程序存在、争端解决成为管理、争端解决存在、争端解决和司法程序没有成为惯例。取值越低，专利面临的风险越高。在输入上述数据后，软件可以给出一个雷达图，让分析者对目标专利的授权状态一目了然，如图 5 - 1 所示。

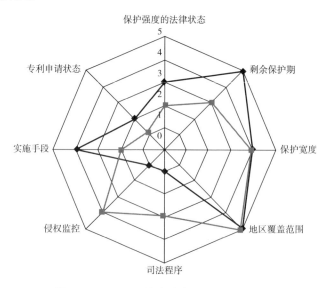

图 5 - 1　IPscore 给出的专利授权状态评价

注：不同的折线代表着所选取的不同专利。

　　然后，按照窗口的要求，分别输入描述目标专利的技术特征、市场条件、专利与公司战略之间的相关性大小特征的数值，得到几个类似的雷达图。这个赋值过程需要输入人员具备跨领域知识。这是因为，专利价值的评估涉及法律状态、技术因素、市场环境、财务特征和企业战略等多个方面，因此，当某个企业或科研单位要对自己拥有的专利资产进行价值评估时，就需要调动营销、研发和知识产权等多个部门的人员参与，以便获得多个方面的相对准确的数据。例如，营销人员提供关于目标专利的市场环境方面的数据，研发人员提供技术特征方面的数据，知识产权工作人员提供法律状态方面的数据。专利价值的评估是由一群人集体进行的。

（三）在 IPscore 中引入效能分析的思路

　　在 IPscore 中引入效能分析的思路如下。在预测专利带来的收益时，IPscore 的做法是根据公司销售总额的某个百分比预测出技术相关领域的销售额，然后根据专利对技术相关领域销售额的贡献程度预测出专利每年带来的收益流量。在这个过程中，技术相关领域的销售额占公司销售总额的百分比和专利对技术相关领域销售额的贡献程度是两个关键变量。在确定这两个关键变量时，软件给出的参照因素有目标专利的法律特征、技术特征、市场条件、专利与公司战略之间的相关性。但是，如果在软件中增加专利效能方面的信息，会使判断更加靠谱一些。具体过程是，先要求分析者回答目标专利的效能特征，如与正在被市场广泛使用的产品或技术相比，具有哪些独特功能？这些独特功能的大小如何？技术使用者或消费者愿意为每单位产品中所具备的这些独特功能分别支付多少钱？是否存在一些没有被投入市场但也申请了专利保护的具有类似效能的潜在竞争专利？与这些潜在竞争专利相比，目标专利的效能具有优势还是劣势？等等。表 5-7 给出了收集专利效能特征的示例。

　　表 5-7 对目标专利具有的各种效能进行了分解，该专利具有节省劳动力和缩短生产周期两大效能。在节省劳动力这一效能上，与正在被市场广泛

表 5 - 7　专利效能的特征收集示例

效能 1 的作用	节省劳动力
正在被市场广泛使用的同类产品或技术的效能劣势大小	2 倍
专利使用者或消费者愿意为这些独特功能分别支付多少钱	0.5(百元)
该效能能够使买方数量增加到当前的多少倍	1.2
是否存在一些没有被投入市场但也申请了专利保护的具有类似效能且效能更佳的潜在竞争专利(存在,则取值为 0;不存在,则取值为 1)	1
效能 2 的作用	节能
正在被市场广泛使用的同类产品或技术的效能劣势大小	3 倍
专利使用者或消费者愿意为这些独特功能分别支付多少钱	0.2(百元)
该效能能够使买方数量增加到当前的多少倍	1.5
是否存在一些没有被投入市场但也申请了专利保护的具有类似效能且效能更佳的潜在竞争专利(存在,则取值为 0;不存在,则取值为 1)	1

使用的同类产品或技术相比,仅需投入 1/2 的劳动力,这可以给每单位产品节省 50 元的生产成本,且能通过提供降价空间使买方数量增加到当前的 1.2 倍。此外,目标专利还具有节能优势,耗能仅为主流产品的 1/3,且能使买方数量增加到当前的 1.5 倍。这些效能优势可以被作为确定专利对技术相关领域销售额的贡献程度和技术相关领域的销售额占公司销售总额的百分比这两个关键变量的依据。总体原则是,目标专利具备的独特效能所带来的经济收益越大,专利贡献就越大。

此外,对这两种效能而言,虽然都存在一些没有被投入市场但也申请了专利保护的具有类似效能的潜在竞争专利,但其效能都不如目标专利那样显著,形成不了实质性的竞争。因此,其未来收益的风险相应小一些。相反,如果还存在一些更具优势的竞争性专利,未来的经营风险会增加,折现因子也要大一些。

类似地,也可以使用雷达图等可视化工具来形象地表达效能特征,如图 5 - 2 和图 5 - 3 所示。

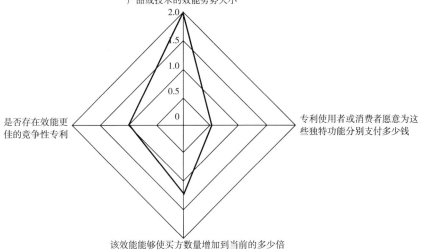

图 5 - 2 引入 IPscore 的效能示例之一

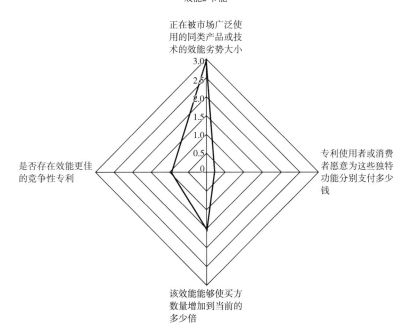

图 5 - 3 引入 IPscore 的效能示例之二

第六章 专利效能信息在企业
管理中的应用

一 在企业战略管理的应用

（一）利用专利效能信息判断影响竞争战略的五种力量

在制定企业战略之前，需要进行战略分析，即了解企业所处的环境及自己的地位。战略分析的主要工具有波特的五力分析模型、蓝海战略和十步骤系统等。对于处于技术密集型行业中的企业而言，不管使用哪种分析工具，若能有效利用专利效能信息，都能起到画龙点睛的作用。

20世纪80年代初，迈克尔·波特提出了五力分析模型。该模型成为影响深远的战略管理分析工具。其核心理念是，在制定企业的竞争战略时，应该考虑到影响企业市场势力和利润的五种力量：供应商的讨价还价能力、购买者的讨价还价能力、潜在竞争者进入的能力、替代品的替代能力、行业内竞争者现在的竞争能力。[①]

虽然该模型在企业管理领域享有高度认同，本质上却是经济学中垄断理论在企业管理问题上的具体应用。根据垄断理论，当一个企业在生产要素市场或产品市场上拥有的垄断力量（即市场势力）越大，就能获得越高的垄

---

① 迈克尔·波特：《竞争战略》，陈小悦译，中信出版社，2014，第50页。

断利润。而波特提出的这五种力量，无一不影响着所考察的目标企业的垄断力量。

五力模型中的第一个力量，即供应商的讨价还价能力，这实际上取决于供应商和作为生产要素买方的目标企业各自被替代程度的大小。即取决于可以替代供应商向目标企业供应生产要素的企业个数和可以替代目标企业向供应商购买生产要素的企业个数。如果供应商的生产要素不可替代，而目标企业却只是众多买方之一，那么，供应商会把价格定得偏高以便获得更高的垄断利润，目标企业的讨价还价能力会比较弱；相反，如果供应商只是提供同样生产要素的众多厂商之一，目标企业却是该要素市场上的唯一买方，那么，目标企业处在垄断买方地位，能够以对自己更有利的价格获得生产要素。经济学中的卖方垄断模型和买方垄断模型分别可以被用来描述这两种情形。

卖方垄断模型和买方垄断模型同样适用于描述五力模型中的第二个力量，即购买者的讨价还价能力。对目标企业而言，如果购买其产品的客户只有一个，而与目标企业生产同样产品的企业数量又很多，那么，目标企业在其产品市场上处于被买方垄断的状态；相反，如果购买其产品的客户有很多个，而并没有其他企业生产的产品能够替代目标企业的产品，那么，目标企业在其产品市场上处于卖方垄断的地位。

五力模型中的后三种力量对目标企业利润的影响机制是类似的。潜在竞争者进入的能力、替代品的替代能力和行业内竞争者现在的竞争能力越强，目标企业在其产品市场上和客户之间进行谈判时，就会处于越不利的地位。倘若已有的或潜在的行业内外竞争者使用同样的生产要素，那么，竞争者数目的增加或竞争能力的增强，还会导致目标企业在其生产要素市场上和供应商进行谈判时处于不利地位。

当然，买方垄断和卖方垄断都是极端情形，现实生活中常见的是买卖双方的个数不止一个，且数目有限。于是，目标企业的讨价还价能力便与买卖双方各自的竞争者的相对个数和竞争能力有关了。倘若买方面临更多的竞争者，且竞争者带给它大的竞争压力，那么，在产品市场和要素市场上的买方会处于相对不利的谈判地位。卖方也是类似的。

专利文献中的各类信息尤其是效能信息，有助于明确供应商、客户、潜在同行业竞争者、现有同行业竞争者和行业外的替代品的竞争能力，为五力分析模型提供相对可靠的现实依据，并使分析具有一定的前瞻性。之所以会具有前瞻性，是由于多数企业在推出产品之前会申请专利，从而使专利文献中市场力量的变动早于现实的市场进入。

例如，就第一种力量即与供应商之间的讨价还价能力而言，目标企业可借助专利文献采用以下步骤去增强自身的谈判力量。首先，通过市场调研以及检索专利文献，可以发现能够提供与供应商的产品具有类似用途产品的其他厂商；其次，对这些厂商的专利文献中描述技术的效能的信息进一步分析，可以对其他厂商的产品能在多大程度上替代供应商的产品做出定量的估计，或者说，对供应商产品之间的"可替代性"做出量上的判断；再次，对该生产要素市场上现有供应商所供应的现有替代品种类进行摸底。对那些虽然拥有生产替代品的技术，但还没有生产出现成产品的厂商，则通过询问或推断的方式，了解对方的报价；复次，根据摸底的情况，对以下问题进行推断：如果采用替代品的话，能够给自己带来多大的损失或收益；最后，在与原来的供应商进行谈判时，根据上述对专利文献和市场供应状况的调研结果，目标企业劝说供应商，让其意识到它其实高估了自身的市场势力，从而接受目标企业的报价。

上述一系列步骤的关键是估计采用替代品给目标企业带来的损失或收益。这可能会有以下几种情形。第一种情况是，确实存在各方面效能都优于当前供应商提供的生产要素的替代品，如果潜在供应商对该替代品的报价还比现有供应商报价低，那么，目标企业便可以直接要求供应商提供比替代品更低的价格，否则便威胁更换供应商。第二种情况是，对效能更佳但报价也更高的替代品，目标企业则需进行利益权衡，估算更佳效能的生产要素将会给自己带来多大的好处，包括在生产成本上的节省和使自己的最终产品效能也得到改善等。同时，还要估算使用报价更高的替代品给自己带来的成本增加。然后，通过对收益和成本的权衡，计算出使用替代性生产要素的净损益。最后，在与现有供应商进行谈判时，可根据净损益的情况，劝说对方接受自己的报价。具体而言，如果相对现有生产要素而言，使用替代性生产要素会带来净收益，则可以要求现有供应商做出报价上的让步，目标企业从让步中得到的好处与该净收益相当，否则，便可威胁更换供应商；如果相对现有生产要素而言，使用替代性生产要素将带来净损失，那么，谈判过程中，当供应商提高报价时，目标企业能够接受的最高采购价格上涨幅度是这样确定的：价格上涨导致目标企业的成本上升额度不能超过该净损失的值，否则便威胁更换供应商。第三种情况是，替代性生产要素的效能更差，但报价也更低。这时候同样要进行损益权衡，具体做法与第二种情况类似。第四种情况是，替代性生产要素的效能更差，但报价却更高，这时候，该替代品的存在对谈判并无帮助，不予考虑。

除了性价比外，供应商的创新能力和技术适应能力也是一个需要考虑的方面。目标企业可以根据各个供应商的专利组合特征，从众多供应商中选择那些最能适应其技术进步路径的供应商。Okade、Maccarthy 和 Trautrims（2017）讨论了企业如何利用专利信息来选择零部件的供应商。他们考察从供应商那里采购座椅等零部件的汽车制造商。通过把汽车制造商和零部件供应商在过去若干年内拥有的专利进行对比，发现零部件供应商的专利受到了制造商的影响。他们认为，制造商应该对自己所采购的零部件领域的专利动态进行跟踪，以便了解哪些供应商具有杰出的创新能力。这样，便可以通过与具有创新能力的供应商合作，为自己赢得竞争优势。[①] 例如，当一家汽车制造商决定今后大规模生产电动汽车时，有必要对提供电池的产业进行专利分析，了解各个供应商在电池领域的布局，放弃那些滞后于主流技术进步步伐的供应商。

同样可以借助专利文献特别是包含在其中的效能信息，来确定购买者的讨价还价能力。购买者的讨价还价能力，既取决于目标企业的现有或潜在竞

---

① C. Okade，B. Maccarthy，A Trautrims，"Building an Innovation – based Supplier Portfolio：The Use of Patent Analysis in Strategic Supplier Selection in the Automotive Sector"，*International Journal of Production Economics*，2017，p. 194.

争者的个数及替代能力，也取决于其他购买者的数目。这里，先分析一下如何借助专利文献确定其他购买者的数目。现实生活中，当产品的购买者是个人消费者时，购买者数量会比较多，缺少市场力量从而在目标企业那里没有强的谈判能力。但是，当产品的购买者是企业时，购买者数量会比较少，则可能由于市场相对集中而削弱目标企业的谈判地位，此时，目标企业可采用以下一系列步骤来增强自己的谈判地位。首先，目标企业明确现有的购买企业是将自己的产品用在生产哪些产品上，并通过市场调研（包括借助专利文献检索），找出那些可以生产与购买企业的产品具有替代关系的产品的其他企业；其次，通过市场调研，了解向这些替代性企业供应类似产品的其他企业；再次，针对向替代性企业供应产品的其他企业进行专利文献检索，特别是对这些企业所生产的与目标企业的产品具有替代性的产品进行专利文献检索，明确这些产品在技术特征和效能特征上的差异。有时候，可能会发现专利侵权或者可以被无效掉的专利。如果有些专利技术的权利状况确实很稳定，则可以对其进行效能上的进一步分析，将其与目标企业的产品进行比较；最后，目标企业判断自己的产品能够在多大程度上替代掉其他产品。具体而言，判断潜在购买方转而购买自己的产品可能获得的损益。倘若潜在购买方转向购买自己的产品获得大的净收益，那么，当目标企业与现有购买方进行谈判时，便可以告知对方，在自己的生产能力和供应数量既定的条件下，只能优先向出价更高的购买方供应产品。如果对方不愿意接受相对高的价格，便可以威胁更换购买方；倘若潜在购买方转向购买自己的产品获得的是净损失，则在现有购买方要求降低价格时，目标企业从价格下调中能够接受的最高让利便是该净损失的数额。上述这一系列步骤的关键同样是估计采用替代品给目标企业带来的损失或收益，同样要结合专利文献中的效能信息做出具体判断，不再重复阐述。

购买者的讨价还价能力，还取决于目标企业的潜在竞争者进入的能力、替代品的替代能力和行业内竞争者现在的竞争能力，即五力模型中的后三种力量。在搜寻潜在竞争者、行业内竞争者和替代品时，均可以借助专利文献的搜索，特别是检索与目标企业的产品具有类似功能的专利。例如，本书第一章介绍了一个例子，该例中，检索者要检索"一种能够把壳打开的工具"，其实就是要检索具有"把壳打开"这种功能的所有专利技术。在确定这些专利之后，再检索到这些专利的拥有者，便可以确定竞争者和替代品了。其中，"行业内竞争者"通常是拥有与目标企业的专利具有相同分类号的专利拥有者。例如，和目标企业一样，通过机械压力将壳弄开的专利拥有者；"替代品"则是那些具有不同分类号的专利拥有者，和那些使用机械压力将壳弄开的目标企业不同，他们使用热力学等其他原理将壳弄开；前两种竞争者中，还没有向市场正式提供产品的专利拥有者，则是"潜在竞争者"。

在分析竞争者的竞争能力或替代品的替代能力时，则需要进一步结合竞争者专利文献中的效能信息词汇来进行判断。"效能"一词，包含两个层次的含义。一个层次的含义是该技术是用来做什么的，即具有什么样的作用，如"将壳打开"。另一个层次的含义是将壳打开的效果如何，例如，将壳打开时，使用的时间短、耗能少、壳内肉的完整性好、毒害作用小、操作简单，等等。倘若替代性技术的整体效能水平高，那么，给目标企业带来的竞争压力就大。不过，即便竞争对手的整体效能水平高，目标企业也未必会失去所有的市场，特别是目标企业的产品在某一个效能维度上具有更高的值时。例如，即便目标企业的开壳器操作烦琐、时间长、耗能多，但却是行业内可以做到完全无毒害作用的唯一企业，那么，该企业也能够赢得一部分特别在意无毒害作用的消费者的青睐。

（二）从专利效能角度解读三类竞争战略

五力分析模型认为，在明确影响企业所处竞争状态的五种力量之后，可以根据这五种力量的具体状况，制定具体的竞争战略。他提出了三种战略即成本领先战略、差异化战略和聚焦战略。笔者认为，对技术创新密集行业而言，具体选择这三种战略中的哪一个，其实也与专利的效能特征密切相关。

成本领先战略的核心主张是，企业以超低的平均成本向顾客提供标准化的产品。这一战略适用的情形是，目标企业与其他竞争者提供的产品没有差别或差别非常小，或者说，目标企业与其他竞争者生产同质产品。与此相对应的是，该行业的专利文献中，关于产品效能改进的文献数量非常少，而且主要集中在降低成本上。至于其他方面的效能，如舒适度、安全性、耗电性、环保性等则很难取得显著改进。这意味着，能够以超低成本供应产品的企业，有条件迅速占领大份额的市场。在这种情况下，企业应该采取的策略是尽可能降低成本。除了采取受专利保护的新式生产工艺外，还可以采取其他措施来降低成本，如改善管理流程等。

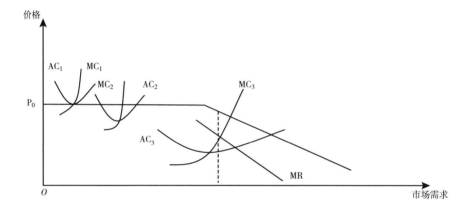

图 6 - 1　成本领先战略的经济学机理

成本领先战略的经济学机理可以结合图 6 - 1 来阐释。假设最初目标企业和该行业内的企业在生产成本和产品效能上都是相同的，且行业内生产厂商数目和消费者个数都非常多，这接近完全竞争市场的假设。最初，这些企业的平均成本曲线和边际成本曲线都分别用 AC_1 和 MC_1 来表示，MC_1 向右上方单调递增，并且经过 AC_1 曲线的最低点。同时，由于产品在效能上是一样的，而且市场接近完全竞争市场，因此，均衡的行业供求价格一旦确定为 P_0，各个企业都成为价格接受者了。在行业长期均衡中，目标企业和所有竞争者的产量都正好对应于 MC_1 和 AC_1 曲线的交点所对应的横坐标，市场价格则正好等于 AC_1 曲线的最低点的纵坐标。

在上述最初均衡状态下，所有企业仅能获得正常利润，即超额利润为零。假设目标企业成功地实施了成本领先战略，让自己的平均成本和边际成本分别下降到 AC_2 和 MC_2。此时，假设目标企业仍以原来的价格出售产品。那么，对目标企业而言，使其利润最大化的产量由 MC_2 和水平价格线的交点的横坐标决定。在这一产量水平上，每个产品收取的价格 P_0 高于此时的平均成本 AC_2，因此，目标企业能够获得超额利润。值得注意的是，目标企业能够以价格 P_0 出售使自己利润最大化的产量。而该产量没有满足所有的市场需求，即还有剩余的市场容量。这些剩下的市场容量，则由其他厂商来填满。其他厂商仍然采用原来的技术生产，它们的边际成本和平均成本仍然由原来的 AC_1 和 MC_1 来表示，它们也仍然只能获得正常利润。概括地讲，目标企业实施成本领先战略后，扩张了产量，提高了市场占有率，获得了超额利润。但那些成本不变的竞争者则仍在原来的状态进行生产，而且，有一些竞争者会由于留给它们的市场变得更狭小而选择退出。

进一步地，我们考察目标企业成功地使成本下降到更低的水平，例如，目标企业的平均成本和边际成本分别下降到 AC_3 和 MC_3。这意味着，由于目标企业的成本下降得如此厉害，以至于在非常庞大的生产规模上，它都能保持非常低的成本。此时，使目标企业利润最大化的产量由 MC_3 和向右下方倾斜的边际收益曲线 MR 的交点的横坐标决定。此时，目标企业生产的产量非常大，为了能够销售出去，采取了降价措施，从而使得现行的市场价格（即 MC_3 和向右下方倾斜的需求曲线的交点的纵坐标）低于价格 P_0。这一新的价格水平低于以前的竞争者们的平均成本最低点，从而那些竞争者们都被淘汰出局了。这使得目标企业实际上成为一个垄断性厂商，单独供应整个市场，并获取超额利润。

实施成本领先战略的企业，通常要在研发战略上有所侧重。例如，由于产品性能的改进空间非常狭小，效果不显著，那么，研发活动的主要任务就是寻找能够尽可能降低成本的技术。这意味着，在检索专利文献时，关注那些能够使得成本降低的专利。而成本又是由所投入的各种原材料、人力、能源消耗、生产流程繁简、周转时间所决定的，所以，在检索专利文献时，要关注那些能够节省原材料、人力、能源消耗的投入量，或者能使生产流程化繁入简和节省周转时间的技术。这体现出有效地利用与生产成本有关的专利效能信息，有助于成本领先战略的实施。

总而言之，对实施成本领先战略的企业而言，如果难以提高消费者从消费自身产品中获得的满足程度，那么，就应该下功夫改进所采用的原材料和生产工艺的效能，尽可能地使成本下降。

再看看波特所主张的差异化战略。该战略的内容是，通过向客户提供与竞争者产品不同的独特产品，获取溢价。当行业内的消费者对产品存在潜在的多元化需求时，适合采用差异化战略。那么，如何选择产品的特色呢？一个产品的特色可以体现在诸多方面，到底选择哪一个或哪几个作为突破口呢？通过采取下列做法，目标企业可以从专利文献所包含的效能信息中得到启示。首先，目标企业要对本行业内各企业的专利技术在效能上的特征进行摸底，弄清楚效能体现在哪些方面，如安全性好、更环保、操作方便、降低磨损、结构紧凑、密封性好、热效率高、装卸方便、耐腐蚀、精度高、寿命长、稳定可靠、成本或价格低，等等。即弄清楚产品的效能体现在哪些维度。其次，考虑如果自己在某一个或某几个维度（如寿命更长和更环保）进行突破、拉大自己与竞争者在这些维度上的差异的话，所需付出的各类成本和收益。在估计收益时，需要推测消费者对产品特色的支付意愿，即消费者愿意为这些特色多花费的支出。如果花了很大力气弄出一点特色，但消费者并不买账，那么，就不应该考虑选择这些维度作为突破口。顺便指出的一点是，如果目标企业能够以很低的研发成本，使自己的产品在所有的维度上都远远领先所有的竞争者，同时还能以很低的成本大规模地供应市场，那么，目标企业就会成为该行业的垄断者。

波特主张的聚焦战略（focus strategy）的内容是，企业专门向某一客户群体供应产品，且供应的成本及价格远低于竞争者。该战略被视为同时具备了成本领先战略和差异化战略的特征，即通过专门迎合具有某些特定偏好的消费群体，使自己牢固地垄断这一特定市场。该战略的特点是目标企业可以获得垄断利润，但是，面临的市场容量却受到限制。例如，在美国本土，肯德基、麦当劳便是通过低成本地向就餐时间短、工作节奏快的职员或者旅行者提供营养可口的快餐，让该消费群体成为忠诚的客户。

专利效能信息同样能够在聚焦战略的实施中发挥作用。目标企业需要同时关注自己出售的产品和自己采用的投入要素及生产工艺的效能。而对于创新密集性行业而言，专利文献包含丰富的效能信息。一方面，目标企业需要关注自己出售的产品及其替代品的效能，明确自己从哪些效能维度去迎合自己锁定的那部分消费群体；另一方面，目标企业需要关注自己采用的投入要素及生产工艺的效能，尽可能搜寻到能够以最低成本实现特定效能的技术。如果某项能够实现低成本生产的技术的专利保护已经过期，那么，就可以免费使用。通过对专利文献中这两大类效能信息的持续跟踪，目标企业可以持续地在其锁定的消费群体中保持竞争优势，使竞争者放弃进入的念头。

（三）基于专利效能信息的其他战略分析工具

除了五力分析模型外，战略管理界还流行着其他分析工具，如蓝海战略（Blue Ocean Strategy）。专利效能信息同样有助于改善这些分析工具的效果。此处结合蓝海战略进行阐述。

蓝海战略强调挖掘买方的价值元素，即买方认为有价值的特征，并在对这些价值元素进行重组的基础上创新。该战略并不认为企业应该把注意力放在超越竞争者上，而是强调通过不断的价值元素重组创新来超越现有的行业边界，拓展出新的市场空间。所谓"蓝海"，就是指亟待开发的市场空间，代表着创造新需求，开拓出蓝海的企业借此甩掉竞争者。与蓝海对应的是红海，代表已经开发出来的市场空间，该空间内竞争激烈，利润率低。实施蓝海战略的基础是价值创新（value innovation），即想方设法为买方创造出新的价值，从而实现企业自身价值。成功的价值创新不仅表现为找到新的方式来更好地迎合分散在一个或多个行业内的消费者，也意味着能够以足够低的成本来实行价值元素重组。

专利文献中的效能信息也能被运用到蓝海战略的制定和实施中去。例如，在挖掘买方认为有价值的元素时，就可以通过检索可能相关的行业的专利文献，关注这些文献内包含的有价值的元素，尝试对这些价值元素进行重组，判断重组的方案是否在技术上可行并能够被消费者认同。这里的价值元素本质上就是客户认为有价值的东西，其核心仍然是专利具有的独特效能。所以，对价值元素的重组意味着对专利技术的重组，使其能够带给客户新的满足和体验。蓝海战略还强调跨越现有行业的边界进行创新，相应地，可以通过对不同行业专利文献的检索来实施跨行业创新。

二 在识别和对待竞争对手中的应用

企业战略制定的过程中，通常离不开对竞争者的了解。在了解竞争者的情况后，就需要根据竞争者的不同类型以及自身状况，制定企业整体经营战略。在企业的整体经营战略中，通常包含对待不同竞争者分而治之的态度。为了正确地对待竞争者，首先就需要准确地识别出竞争者，并根据竞争者的特征将其归入不同类型，为下一步采取分而治之的做法奠定基础。

那么，如何识别出竞争者呢？一种观点是，根据企业拥有的资源的相似程度来确定，不同企业的资源相似度越高，就越可能是竞争关系；另一种观点是，要基于顾客对企业提供的产品或服务的感知来判断企业之间是否存在竞争关系，如果顾客觉得两个企业提供的产品或服务相似或可以替代，那么，这两个企业就是竞争对手。后来，人们又认为应该综合资源相似度和市场共同度来判断是否为竞争关系，并在此基础上识别竞争者的类型。[①]

从这一思路出发，Hanover 和 Bergen 构建了一个识别竞争对手类型的框架。该框架如图 6 - 2 所示。图中横坐标代表企业所拥有的各类资源的相似度，纵坐标代表企业的市场共同度（可用消费者眼中不同企业的产品替代性测量）。根据这两个维度，可以将竞争者分为间接竞争者、直接竞争者和潜在竞争者三类。[②] 间接竞争者与目标企业所面对的消费者群体有比较大的重叠，但两者所拥有的各类资源的相似度却很低。间接竞争实质上意味着不

---

① 张虎胆：《基于专利网络方法的技术竞争对手识别研究》，武汉大学博士学位论文，2013。
② 张虎胆：《基于专利网络方法的技术竞争对手识别研究》，武汉大学博士学位论文，2013。

同种类的产品之间存在的竞争关系。例如电脑和手机属于不同种类的产品，生产这两种产品的企业采用的生产工艺和配件等各类资源均存在显著差别，但均能满足浏览和上网的需要，从而具有一定的替代性。所以，生产电脑和手机的厂商可以被视为间接竞争者。在分析专利文献时，如果分析对象中不包括间接竞争者，则会低估竞争者的个数。

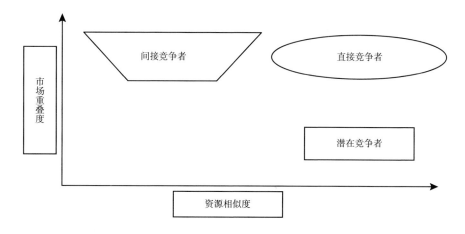

图 6 - 2　Bergen 的竞争对手分类框架

直接竞争者不仅与目标企业有高的市场共同度，而且有高的资源相似性。例如，生产不同品牌的手机厂商，所采用的工艺和配件具有大的相似性，手机成品在消费者眼中的替代性也比较大；潜在竞争者的市场共同度虽然小，但资源相似性比较高，这意味着这些企业下一步可能利用现有资源的优势，入侵目标企业的市场。不过，资源相似度高的企业之间也很可能会成为紧密的合作伙伴而非竞争者。Van Rooij & Arjan（2012）讲到过 1898 年创立于荷兰的老牌切肉机公司 Berkel 的早期经历。[①] 其创始人 Wilhelmus Van Berkel（1869～1952）最初的职业为厨师，在设计出具有实用性的切肉机并将其在国外申请专利后，开始着手创办企业。但他自己并不拥有任何生产切

[①]　Van Rooij，Arjan，"Claim and Control：The Functions of Patents in the Example of Berkel：1898 - 1948"，*Business History*，Dec 2012，Vol. 54，Issue 7，pp. 1118 - 1141.

肉机的机械设备，也不具备管理机械制造工厂的经验。怎么克服这些障碍呢？他的做法是，找到了当地一家生产打字机的机械厂。生产打字机的机械设备和生产切肉机的机械设备有比较大的相似度。对前者进行改造后，可以被用于生产切肉机。当时，这家生产打字机的机械厂正苦于打字机销路不畅，生产能力闲置。Wilhelmus Van Berkel 邀请机械厂的总经理兼任自己公司的股东，同时委托打字机厂生产最初的几批切肉机。结果，切肉机的销售非常可观。就这样，Wilhelmus Van Berkel 解决了创业早期缺少相关生产设备这一资源上的瓶颈。这一案例带给人的启示是多方面的。打字机厂最终成为合作者而非竞争者的原因有两个，一是邀请了对方的总经理兼任切肉机厂的股东，二是专利保护排斥了打字机厂生产切肉机，可见专利制度有助于创业者在创业初期采用委托生产方式来创业。该案例还说明，资源相似度高的企业既可能是潜在的竞争者，也可能是潜在的合作者。

另一种对竞争对手进行分类的方法是根据对方带来的竞争压力的大小，将其分为主要竞争者、次要竞争者和潜在竞争者。主要竞争者指那些拥有的顾客和生产资源均具有显著优势的企业，次要竞争者指竞争力相对弱的竞争者，潜在竞争者则是可能入侵目标企业的现有市场的企业。专利信息可以在竞争对手的识别和分类中发挥作用。例如，利用专利引证信息识别竞争者的原理是，如果某项技术问世后，有其他企业围绕该技术进行改进，并申请专利，那么，不仅后续专利会借鉴在先专利，而且，在先专利和后续专利之间还很可能引用共同的专利或公开文献。如果两个企业进行同一个技术领域的研发，它们都会对已有的技术成果进行收集、分析和借鉴，通常会在公开的专利文献库中借鉴相同的专利技术。因此，使用相同基础知识、存在共引或被引关系的企业很可能是当前或潜在的竞争对手。而那些拥有高被引率专利或核心专利的企业，是主要竞争者的可能性比较大。又如，还可以从研究文献的相似度入手，来发现具有替代性或竞争性的专利组合。相似度可以根据文献间共有的技术词汇频数、共同引用的文献个数和所属的类别等来测量。既可以采用单个标准来测量相似度，也可以在多个标准的基础上构建新的指标来测量。例如，Zhu 等（2016）采用的折中算法就是通过对专利分类号和文本词汇的相似度进行加权，得到一个相似度指标。[①] 一些软件如 Patentics 可以使用分词技术进行语义检索，将非结构化的专利文献自动标引成若干技术特征的集合，进一步地，将数据库中的任何两篇文献匹配起来分析，就可以计算出两者的相似度。

借助专利效能信息，可以构建起新的竞争者分类方法，由此增进对竞争者类型和行为的认识。例如，在确定好存在共引或被引关系的企业后，回答这么一个问题：为什么要引用某一篇专利文献呢？通常是由于被引专利在解决某个问题的方法和程序上启发了后来者。后来者要么采用了不同的方法和程序来解决原来的问题，要么采用与已有方法类似的方法来解决新的问题。在前一种情形下，后来者的专利的效能主要体现在对生产方法和程序的调整，如操作更简便、原材料更容易获得等；在后一种情形下，后来者的专利的效能主要体现为找到新的方法来提高消费者从产品消费中获得的满足程度。

基于上述认识，笔者构建了一个二维坐标图，用来对竞争者进行分类。在图 6-3 中，所分析的对象均为与目标企业存在共引关系或被引关系的企业。横坐标代表所考察企业的专利对消费者满意程度的影响，纵坐标代表所考察企业的专利对生产工艺特别是生产成本的影响程度。根据这两个维度，可以将竞争者分为全面型竞争者、成本降低型竞争者、差异化竞争者和次要竞争者。成本降低型竞争者通过对生产工艺进行较大幅度的调整，来降低成本，并通过价格下调来争夺消费者；差异化竞争者通过找到能显著提高消费者满意程度的新途径来赢得消费者；全面型竞争者则既想办法提高消费者的满意程度，又降低成本和价格，是能够带来巨大竞争压力的竞争者；次要竞争者在生产工艺和消费者满意程度上的改进都是微小的，对现有市场形成不了大的冲击。

在识别了竞争者的类型后，接下来就是要对竞争者采取怎样的态度了。

---

① D. Zhu, J. Lu, G. Zhang; AL Porter, L. Huang, L. Shang, Y. Zhang, "A Hybrid Similarity Measure Method for Patent Portfolio Analysis", *Journal of Informetrics*, 2016, 10 (4): 1108–1130.

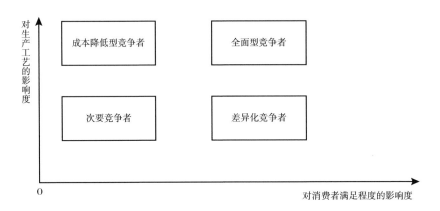

图 6-3　基于专利效能信息对竞争者分类

一个企业对待竞争者的态度，归根到底还是取决于它对自身的战略定位。如果它立志高远，打算成为市场份额第一的领导者，那么，它势必要采取全方位的进攻策略。相反，如果它打算牢牢巩固自己已经占据的那一部分市场，并无向外拓展的抱负，那么，它将采取其他策略。企业的战略定位或抱负又取决于其领导者的抱负，领导者的抱负又取决于领导者对自身的资源调动能力、研发组织能力、市场开拓能力等多方面能力的认识。正如秦国立志统一天下，与其对自身的经济实力、政治控制能力和军事组织能力的自信不无关系。

对立志高远的企业而言，在专利领域进行面对面的阵地战有吸引力。这意味着不仅要继续发扬原本就具有优势的效能，而且还要善于取长补短。如果发现竞争对手的优势集中在寿命长，目标企业就可以通过开发延长现有产品寿命的技术克服技术劣势；相应地，在制定营销策略时，可以有针对性地从竞争对手那里赢得一部分看重产品使用寿命的客户。进一步地，为了开发延长产品寿命的技术，还可以参考专利效能向量中"延长寿命"取值较高的技术来从事新技术的开发。这样，企业可以从竞争对手那里夺取一部分市场份额。

打算偏安一隅的企业则适合采取向市场深度渗透的纵深化战略。当企业借助具有独特功效的技术和特色产品来实现差异化的市场定位时，不仅可以借此避开产品雷同导致的价格战和低利润陷阱，而且有助于防范来自行业领导者的强势进攻。在了解本行业内各企业的战略定位、市场定位和技术定位后，企业可选择适当的技术组合，拉开与其他企业的距离。这时候，需要仔细研判竞争对手的技术特征，找到对方在效能上的强弱之处。要么超越对方的强项，要么使对方的弱项比自己差得更远。竞争优势就是这样被塑造出来的。现实生活中，很少有两家企业的专利是完全相同的，通常，各企业的专利组合在效能向量各维度上的取值并不相等（单个企业在各个维度上通常不可能都占绝对优势），企业在专利组合的功能向量上的取值距离越大，差异性就越大。

三 在企业研发中的应用

对专利效能信息的利用有助于让研发机构的研发成果更符合社会的需要。在我国，改制后的国有科研机构要面向市场经营，要么直接向企业出售或许可专利，要么直接将专利应用于产品，然后销售产品谋求利润。为了赢利，这些机构需要在研发前就明确社会需要什么样的技术，并根据对行业内企业的专利布局和业绩的判断，筛选有可观前景的研发项目。可以说，科研机构市场化进程的成功离不开对专利信息的利用。

在靠创新来谋求市场地位的机构或企业里，专利管理部门不仅仅是一个为其他部门提供支撑服务的辅助部门，而且，在整体战略制定和实施中发挥着不可忽视的作用。Ernst 等（2014）说明了专利信息的利用对企业新产品研发和企业战略制定的重要性。[①] 该项研究显示，在新产品的开发过程中，如果专利部门在新产品开发过程中积极参与，并且与研发部门密切合作，新产品的市场表现就会更好。该文自称首次对专利管理部门在新产品开发中的作用进行了检验。在德国专利商标局中专利申请量排前 318 位的企业中，他

---

① Ernst, Holger, Fischer, Martin, "Integrating the R&D and Patent Functions: Implications for New Product Performance", *Journal of Product Innovation Management*, Dec. 2014 Supplement, Vol. 31, pp. 118 – 132.

们随机抽取了 200 家德国企业作为样本。调查方要求这些样本企业选择一两个最近完成的新产品开发项目供进一步调查。每一个项目都分别由负责该项目的专利管理者和领导者这两个被访问者做出回答。200 家企业中有 36% 的企业反馈了调查问卷。问卷中所关注的变量取值从 1 到 7，代表对所指命题从强烈不同意到强烈同意。被调查者要求对以下几个方面的变量做出评价：研发部门和专利部门之间的合作程度、专利部门的贡献程度、新产品的新颖性和一些控制变量。其中，研发部门和专利部门之间的合作用研发者和专利管理者在整个新产品开发期间是否有开放氛围、两者目标是否一致来测量；在测量专利管理部门在新产品开发中的贡献程度时，该文从"在新产品开发过程中专利管理者有申请专利的自由裁量权""专利管理者通过提供现有技术的信息来支持研发团队"出发，测量了专利管理部门在新产品开发中的贡献程度。衡量新产品市场表现的指标则是该产品是否实现了销售额、利润、市场份额等预期目标和是否在整体上算一个成功的项目；新产品的新颖性用"新产品使用了本行业从来没有使用过的新技术""新产品在该类产品中第一个进入市场"来衡量。此外，还使用了投入研发活动的资源、项目持续时间、企业关于该项目研发的专业知识的丰富程度和所属行业这四个控制变量。该文的回归模型显示，专利部门的参与程度对新产品的市场表现有显著的正面影响。此外，专利部门的参与度与新产品的新颖性这两个变量的交叉乘积项的系数也显著，这意味着，专利部门的部门参与度越大，产品的新颖性就越高，如图 6-4 所示。

　　基于上述研究结果，Ernst 等（2014）指出企业的一系列能力决定了其绩效，专利管理部门和研发部门的合作能力就是一项决定企业业绩的关键能力，好的企业管理者应该能够引导专利管理部门与研发部门高效率地合作。创新过程中的新颖性越高，这一合作就越重要。

　　该文说明专利管理部门与研发部门密切配合对新产品研发成功与否是很重要的。而这种配合的一个重要方面就是专利管理部门向研发者提供专利信息方面的支持（作者从该角度来测量了专利管理部门的参与程度）。近些年来，全球专利引证时间整体上有缩短的趋势。这意味着，产业界花费了更多

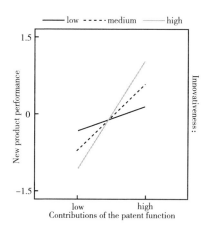

图 6 - 4　专利部门的参与度与新产品的新颖性之间的相关关系

精力去跟踪竞争对手，更加在意和警惕竞争对手的行为给自己带来的潜在威胁，并且更加主动去提前应对这些威胁。用经济学的术语来讲，信息不完全和信息不对称导致的低效率决策少了，进而导致研发者之间的竞争更加有效率了。具体体现为，盲目的、随机性甚至重复性的研发行为少了，针对性的、互动式的研发行为多了。而这一切均建立在对专利文献的紧密跟踪和分析上。

　　不过，尽管专利信息对企业研发活动乃至整个企业战略的重要性日益得到学界和业界的认同和重视，但如何在企业各种决策中更有效地利用专利信息依然是一个有待探索的领域。现有的学术研究似乎并不多。近期有研究关注了利用专利信息寻找新的研发机会和研发伙伴。例如，Park 和 Yoon（2017）讨论了如何借助对相关分类号内的专利动态进行跟踪，来发现新的研发机会。在专利文献分析没有得到广泛应用的时代，在确定从事哪方面的研发时，得借助专家的建议。但是，随着文献获取和分析工具更加便捷好用，可以在咨询专家之前就得到充分的背景知识。[①] Songa、Seolb 和 Park（2016）认为可以借助专利组合分析来寻找更为可靠的研发合作伙伴。这也

　　① Young jin Park，Janghyeok Yoon，"Application Technology Opportunity Discovery from Technology Portfolios：Use of Patent Classification and Collaborative Filtering"，*Technological Forecasting and Social Change*，2017，Vol. 118，pp. 170 - 183.

为效能分析提供了一个可以应用的方向，例如，可以在企业所需要突破的技术领域或效能方向上进行检索。那些在相关技术领域或效能方向上积累了较多专利或近几年来专利增长较快的企业，就是潜在的研发伙伴。①

尽管学术研究并不成熟，但是，在企业研发活动的实务中，从业者们已经习惯借助专利文献来进行规避设计、挖掘可能的权利要求点等。例如，通过对待推出产品的技术特征相关的专利群的分析，可以找到相关技术的权利要求特征，借助"全面覆盖权利要求的所有特征才算侵权"这一司法原则，想办法用新的特征替代掉相关技术权利要求的某些特征，这样，就可以避免侵犯他人权利了。不过，如果仅仅依靠对专利文献中的技术特征和权利特征的解读进行技术设计的话，未必能得到市场认可的技术。技术和市场两张皮的风险仍然存在。要让研发面向市场，离不开对专利效能的分析。

在通过权利点替换来设计新技术时，如果能够有效利用专利效能信息，则会具有更佳的效果。例如，某个企业的竞争对手拥有一项核心专利，该专利具有三个权利要求 A、B 和 C。该企业打算绕过这些权利要求进行研发。经过研发部门研究，找到了两种绕过的方案：一是通过技术特征 D 替代原专利的技术特征 B；二是通过技术特征 E 替代目标专利的技术特征 C。如图 6－5 所示。

两种替代方案均能实现原专利的基本技术功能。但是，在效果上存在差异。如果企业的研发资源有限，或者后续的生产资源和营销资源有限，那么，只能选择其中能带来更大利润的方案进行研发。因此，就需要对两种方案的技术特征进行效能上的比较分析，并将这种效能分析转化为经济分析。有时候，分析者很容易进行效能比较。例如，当两种方案的技术效果都能够降低电耗时，由于比较时所使用的度量单位是相同的，如均为每小时所耗电的度数，那么，孰优孰劣一目了然。但是，有些情形下，无法使用相同的度量单位进行比较。例如，虽然两种替代方案都能实现原专利的基本功能，但

---

① Bomi Songa, Hyeonju Seolb, Yongtae Park, "A Patent Portfolio－based Approach for Assessing Potential R&D Partners: An Application of the Shapley Value", *Technological Forecasting and Social Change*, 2016, Vol. 103, pp. 156－165.

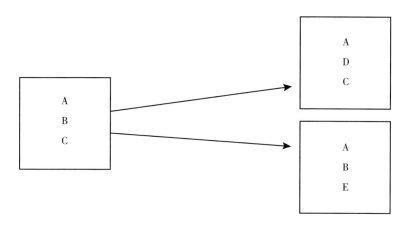

图 6 – 5　借助效能信息在两种替代性方案中进行选择

是，其中一个方案更能省电，另外一个却更能节省人力。那么，哪一个更好呢？此时，虽然无法采用统一的物理单位进行技术效果上的比较，但却可以采用统一的经济单位进行经济效果上的比较。分析者需要做的事情是，比较省电和省人力所带来的利润增量。利润都采用货币作为度量单位，所以，不同的方案是可以进行经济上的比较的。

利用效能信息，不仅有助于在绕过性研发活动中做出更理性的决策，也有助于在改良性研发活动中做出更理性的决策。让我们再次假设某企业的竞争对手拥有一项具有三个权利要求 A、B 和 C 的核心专利。与上述情形不同的是，企业无法对其中的任何一项权利要求进行替换。这意味着企业只能进行改良性研发，即在该核心专利的基础上添加能使原专利效果更好的技术特征。此时，有两种添加新特征的方案，分别为引入 D 特征和 E 特征。如图 6 – 6所示。类似地，在研发资源、生产资源或营销资源有限的条件下，追求利润最大化的企业需要在这两种改进方案中选取其中之一。此时，企业同样可以通过进行经济效果和物理效果上的比较来进行取舍，选择出经济效果更佳的技术方案进行研发，并可以就该方案中的创新点申请到外围专利。

外围专利在经济效果上的优劣会直接影响到企业在进行交叉许可谈判时的谈判实力。先诞生的核心专利在不使用外围专利技术特征的条件下也可以被实施和使用，但是，反过来，外围专利的实施却离不开对核心专利的使用。外围专利的拥有者将不得不从核心专利的拥有者那里获取专利许可，否则会侵权。这使得外围专利的拥有者在谈判中处于天然的弱势地位。但是，如果外围专利能够取得非常显著的技术效果和经济效果，那么，核心专利的拥有者是很可能愿意通过交叉许可的方式，和外围专利的拥有者共同实施和使用这两项专利的。特别是核心专利的技术效果不理想从而导致市场反应平淡，而外围专利能取得广泛的市场认同时。这说明，对于那些在核心专利的基础上从事外围改良的企业而言，重视效能分析甚至有助于提高其获取核心专利的能力。权利点替换和改进的对象不局限于处于保护期的专利，针对已经过了专利保护期的技术，针对其优势特征在效能上进一步提升，也可以获得新专利。

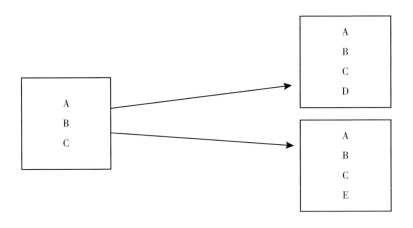

图 6－6　借助效能信息在两种改进性方案中进行选择

在我国建立专利制度的早期，一些科研单位甚至企业的专利意识不强。有时候研制出了重要的技术，却没有申请专利。或者，即便申请到了专利，但由于撰写专利申请书的水平不高，并没有保护到关键的技术特征。其实，即便走到了这一步，原创企业也仍然可以采取补救措施，维护自己对该技术的垄断。具体做法可以是对该技术的关键技术特征进行替换，或者在该技术的基础上增加新的技术特征。这两种做法，都可以申请到新的专利。如果将各种可能的替换方案和改进方案都尝试过，并得到一系列的新专利，那么，这些新专利就构成了一个保护网。如果其他企业要实施原来的技术，则不得不使用到这些新的外围专利。这样，就相当于给原来的专利增加了一层保护。相反，如果原创企业没有采取这些做法，而是其他企业采取上述做法构建起了外围专利保护网，那么，原创企业只能和社会上其他企业一样，局限于使用最初由自己研发但却任何企业都有资格使用的技术。这时候，原创者无法从中获得任何垄断性的利润或超额回报。从这里，可以引申出这样一个问题：如何降低修筑外围专利保护网的成本？借助对专利的效能分析，可以对众多替换方案和改进方案进行技术效果和经济效果上的比较，仅仅选择那些技术效果和经济效果最显著的方案，就可以做到以有限的专利个数构建起有足够防御效果的保护网。既然技术效果和经济效果好的外围专利都被包括在保护网中了，那么，剩下的就是效果不佳、不构成实质性竞争的潜在专利。对拥有保护网的企业而言，不构成实质性的威胁。

四　在企业并购决策中的应用

除了在战略定位、研发决策和竞争策略等方面有运用价值外，包括效能信息在内的专利信息对企业的并购决策、营销决策等其他类型的决策也具有参考价值。

先看并购决策。并购分为合并和收购。合并意味着两家或多家企业合并成一个公司，既可以是兼并，也可以是新设合并。兼并（merger）意味着只留下原来的一家公司，其他公司都被并入这家公司；新设合并（consolidation）指参与合并的公司都被并入一家新成立的公司中。收购（acquisition）意味着各公司仍然保持原来的独立法人地位，但被收购方的实际控制权被收购方持有。

为什么企业之间会发生并购呢？有各种各样的解释。

一是经营协同效应。例如，一个企业善于组建高效的营销团队但苦于没有现成的营销渠道，另外一个则拥有没有充分被利用起来的营销网络，两者合并后双方的市场开拓能力都会得到提升；又如，合并前一个企业流动资金富余，另外一个则经常不足，合并后可以降低资金获取成本或提高资金的使用效率。二是规模经济效应。指随着单个企业的规模扩大单位产品的成本下降所带来的好处。三是节省交易成本，通常指处于产业链上下游的不同企业之间进行合并后，相互之间的关系从以前的市场交换关系转化为内部协作关系所引起的成本节省。四是范围经济效应，指由一个企业来生产两个或多个产品的成本低于由不同企业分别生产这些产品的成本之和。

在技术竞争激烈和专利密集的行业里，从兼并中获得的好处均与对专利权的充分实施有关。上面提到的范围经济、交易成本、协同效应、巩固和提升垄断地位、规模经济等均与专利价值的充分实现有关。如果一个企业拥有良好的专利组合资产，但是营销渠道比较狭窄，那么，其专利资产的潜在经济价值就会受到抑制。如果一家拥有宽阔营销渠道的企业与该企业并购，那么，就有助于充分实现目标企业的专利资产的价值，这就是经营协同效应；如果一家企业拥有良好的专利资产，但生产规模狭小，导致产品成本和售价高，则与其他拥有类似生产设备的企业合并后，产生的规模经济效应有助于专利产品的低成本生产和快速实现市场渗透；如果一家企业实施其专利技术时，需要供应商提供个性化的新式组件，但不容易对组件的性能在合同上鉴定，验收技术也并不过关，合并则有助于减少这一交易成本；如果两家企业在生产设备或零部件上可以共享，那么，合并之后由于设备闲置率减少或零部件大规模采购带来的好处就属于范围经济；如果一家企业实施专利技术时，另外一家拥有替代性专利技术的企业也提供类似产品，两者的目标客户群体大致相同，那么，合并之后由于竞争减少的收益便是垄断地位得到巩固之后带来的好处。

对包括效能信息在内的专利信息的分析不仅有助于企业在并购前筛选和评估被并购对象，而且有助于制定并购之后的整合策略。一是借助专利信息基于经营协同效应来筛选和评估潜在的并购对象。在现实生活中，从专利文献看，一些企业专利数量和质量指标都不错，但是，经营业绩却不如一些技术上不如自己的同行企业。这意味着这些企业在某些经营能力上有短板。对另外一些企业而言，这些专利潜在价值没有得到充分实现的公司是理想的并购对象。例如，国内一家为电动汽车供应锂电池的上市公司，在专利指标排名上表现得比其股价好。具体而言，尽管该公司的专利资产在数量和质量上优于某些竞争者，但市盈率一直较竞争者低。这说明投资者们对该公司的未来并不看好。经过诊断，发现该公司的大多数产品由一家竞争力不强的汽车制造商买走，其余的几家小客户也都实力不强。在政府减少对电动汽车补贴的大背景下，电动汽车行业很可能会发生一场洗牌。受负面影响大的就是那些竞争力弱的公司。在这种背景下，那家生产锂电池的公司自然就不被看好了。但是，如果该公司能够通过并购的方式解决销售渠道的问题，将有助于充分实现其专利资产的潜在价值，扭转人们对其业绩的判断。

通常有多个潜在的并购对象能够帮助改善销售渠道。一类对象是汽车制造商本身。当其中一个企业持有另外一个企业的股权并能施加控制时，销售渠道就自然解决了。另一类对象是生产锂电池的其他企业。如果这些企业拥有分散的销售渠道，但从专利文献中反映出来的技术实力却并不很强，那么，并购后产生的经营协同效应会比较大。

在今天，很容易查阅到一家企业及其主要竞争者的专利数量及质量信息，也不难查到一些股份公司的业绩信息。因此，通过专利排名和业绩排名的不匹配发掘潜在的并购对象成为越来越可行的事情。

二是借助专利信息基于规模经济效应来筛选和评估潜在的并购对象。对某些将专利运用于生产中的企业而言，扩大规模有利于降低成本。然而，在现实生活中，并不是所有的企业都要靠自己亲自采购来建立起所有的生产设备来实现大规模生产。当前，我国一些行业出现了产能过剩和销售困难。在市场需求没有显著增加的现实面前，企业之间发生并购在所难免。一些打算出售企业的人，为了将企业卖出一个好价钱，不如查阅一些专利文献，看看本行业内哪些企业技术能力强且规模并不大，从中找出生产设备与自己最接近的一个或若干个企业，向其发出出售企业的邀请。

三是借助专利信息基于节省交易成本来筛选和评估潜在的并购对象。对于不断创新并推出专利产品的企业而言，需要适应性强的供应商来提高上游组件。那么，哪些供应商更值得合作呢？一些能够通过创新来不断降低成本、提高组件性能的供应商无疑是更理想的合作伙伴。借助专利信息，可以了解和判断潜在供应商的技术创新能力和研发的长处。但是，如果双方在谈判和合作上并不顺畅，比如难以签订比较完备的合同，供应商对下游企业的需求掌握不及时，或者供应商借助其独特技术优势索取过高的要价，等等，那么，两者合并是一条解决这些交易成本的渠道。这意味着，当企业打算为了节省采购组件的交易成本而并购上游供应商时，可以借助专利信息挑选那些创新能力最符合自己期待的企业作为潜在并购对象。

待节省成本的交易对象也可以是互补性专利。一些产品的生产会用到多个互相补充的专利技术。现实生活中，当生产某种产品时，如果使用其他企业拥有的某一个或几个专利会取得更大的经济效益时，生产企业就会有动力去尝试获得那些专利的使用权或所有权。不过，专利的交易并不一定比企业产权的并购交易更容易操作。例如，当 Google 整体并购 Motorola 时，业界普遍认为主要的并购动机就是为了获得后者的专利资产。这些专利资产与 Google 自身持有的专利具有互补性。并购之后，这些专利成为 Google 的自有资产，能够帮助使用 Google 的安卓系统的下游厂商更好地抵御专利诉讼。因此，对一个想获取互补性专利的企业而言，如果专利文献显示大量互补性专利被某个企业拥有，而该企业原来的所有者似乎又打算退出所处行业时，就可以考虑采用整体并购而非许可或转让的方式来获取专利。

四是借助专利信息基于范围经济效应来筛选和评估潜在的并购对象。范围经济意味着由单个企业一家生产多种产品比由不同企业分别生产各种产品更划算。换句话说，范围经济为多样化生产提供了合理依据。范围经济的一个源泉是不同产品可以共享部分技术、设备、组件、营销渠道或客户。这意味着，既可以借助专利文献在技术特征上的相似度来搜寻那些可以共享技术、设备或组件的技术或产品，从中选择合适技术或产品进行多元化生产，也可以选择那些在目标客户群或效能上与现有产品有部分重叠的产品来生产。或者，选择那些在技术特征和效能特征都存在重叠但又有所不同的产品来进行生产。

并购是一条迅速通过多元化来获取范围经济的渠道。如果发现某些可能带来范围经济的技术或产品已经由其他企业在实施或生产，则可以在并购和向对方购买专利并新建生产线这两种决策之间进行权衡。如果购买专利并新建生产线并不划算，则可以考虑并购。在并购前，需要对范围经济带来的好处进行估算。其计算公式如下：

$$SE = \frac{C(X) + C(Y) - C(X,Y)}{C(X,Y)}$$

其中，$C(X)$ 和 $C(Y)$ 分别是由两个不同的企业生产产品 X 和产品 Y 的成本，$C(X, Y)$ 是由同一个企业生产这两种产品的成本。SE 是范围经济（Scope Economy）的简写。该指标取值越大，说明合并生产所带来的范围经济越大，从而越有必要合并生产。

不管是出于经营协同效应采取的合并，还是出于追求规模经济和范围经济采取的合并，其产生的经济效益均有助于增强企业市场垄断力量。仅仅是生产替代性产品的厂商个数减少就有助于提高合并后企业的市场支配力量。图 6 – 7 中，D_1 代表在各个价格水平下生产同质产品的两个厂商面临的需求量之和。此时，对应的边际收益曲线为 M_1。D_0 代表合并之后的新厂商面临的需求曲线，对应的边际收益曲线为 M_0。由于生产替代品的竞争者个数减少，导致新厂商面临的需求曲线具有折弯的特点，即当新厂商提价时，损失的消费者在数量上比原来独立生产时少；反之，当新厂商降价时，能够吸引的消费者数目比原来多。假定合并前后的边际收益线与边际成本线均相交于 A 点，则可以看到，CA/AZ 大于 BA/AZ。这意味着合并后的勒那指数或市场势力高于合并前。这说明，合并能够增强垄断势力。

专利信息可以为预测并购后的影响提供相对客观的依据。如果并购能够让新企业的专利组合形成更严密的布局，则可能更有利于发起对模仿者的诉讼，或者有助于更好地应对来自竞争者的诉讼；如果并购后的专利组合有助于新企业从更多方面来满足消费者的需求，或者可以进一步丰富已有的效能，则有利于增强新企业的市场份额。

专利信息还有助于为并购后采取的整合策略提供相对依据。如果被兼并对象在专利文献中所体现出来的技术特征、市场定位和战略定位与自己大致

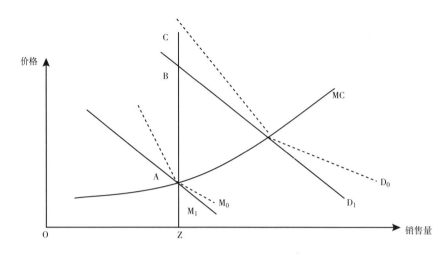

图 6 - 7　竞争者个数减少导致市场支配力量增强

相同，或者兼并的主要目的就是获取生产上的规模经济，这意味着新企业今后要通过下调价格来扩大市场份额。在营销策略上，需要让消费者相信自身能够以低成本提供优良品质的产品；如果被兼并对象在技术定位、市场定位和战略定位上与自己差别显著，那么，兼并的主要目的就是实现产品多样化，或满足更多类型的社会需求，这意味着兼并后的企业需要调整自己在消费者中的定位。

除了在研发决策、并购决策和战略制定中有参考价值外，包括效能信息在内的专利信息也是制定营销策略的依据。当推出某个新产品时，对产品所涉及的专利进行分析，便知道产品能够向消费者提供哪些别的企业提供不了的功能。这为制定营销策略奠定了基础。例如，格力当年推出的"数码2000"兼具人体感应和一氧化碳感应，并且围绕这两大功能申请了一些专利。基于这两大功能，进行营销时，便将有行动不便的老人或还不能自理的小孩的家庭和使用天然气的家庭列为目标客户群。

总之，包括效能信息在内的专利信息在企业管理中的作用是多方面的。如果善于利用，研发人员、营销人员、管理层到最高战略制定者均可能做出更理性的决策。

第七章 专利效能信息在技术交易和运营中的应用

一 专利的基本交易方式

专利的许可和转让是两种基本的专利交易方式。这两种方式构成了后来衍生出来的专利运营活动的基础。几乎所有的专利运营模式都离不开这两种基本交易方式中的一种。

最初的专利立法主要目的就是让专利权人享有独自实施专利技术的权利。因此，最初从专利权中获利的方式应该就是直接将专利技术用于产品生产，然后通过出售产品获得回报。后来，人们将专利权作为一种独立的商品来出售或许可，便有了专利的许可和转让交易。15世纪威尼斯颁布的专利法令申明未经权利人允许其他人不能使用该技术。法令隐藏的潜台词便是如果其他人能够从权利人那里获得许可或转让，就可以实施专利。

按照许可范围及实施权大小，专利许可可以分为独占许可、排他许可、普通许可、强制许可等形式，此外还有交叉许可和分许可。独占许可的特点是只有被许可人享有实施专利的权利，许可者本人和任何第三方都无权实施该专利。这意味着被许可人垄断着目标专利背后的市场；排他许可指许可人仅允许单个被许可人实施专利权，不再授权其他人实施。从市场结构看，排他许可意味着两家企业使用某个专利技术。当它们使用该专利技术生产相同或类似的产品时，如果产品市场上没有其他竞争者，那么，这两家企业就在这一产品市场上构成了提供同质或类似产品的寡头垄断结构。如果市场上还有提供替代品的其他竞争者，那么，就是一个处于垄断竞争市场结构的市场；普通许可指许可人在允许被许可人使用其专利时，自身仍保留使用和授权其他人使用该项专利的权利。采用普通许可时，市场中的竞争者是不确定的。例如，专利权人除了自己使用之外，还将专利权许可给其他两家企业使用。这时候，共有 3 家企业使用。假定这 3 家企业都生产相同的产品。专利权人还有权利将专利技术许可给第 4 家、第 5 家等多家企业使用。对已经在使用该技术的企业而言，它们所面临的竞争者的个数是不确定的，它们处在一个不确定的市场结构中；交叉许可指交易双方相互许可对方使用自己的专利技术。如果这两个专利技术共同生产出一个专利产品，那么，交叉许可便于形成双头竞争的市场格局；分许可指原专利许可合同的被许可人经许可人的事先同意在一定的条件下将专利权再授权给第三方使用。强制许可意味着许可或不许可，并不完全由专利权人自己说了算，而是政府用法律规定，在某些情形下，专利权人必须将自己的专利权许可给他人使用。我国专利法修订适用强制许可的情形中增加了关于交叉许可的规定。这条规定至少有两个经济上的理由：一是为了降低交易成本，包括讨价还价和延迟技术的应用；二是为了让市场里多一个使用者同时使用这两项技术，便于提高市场结构的竞争性。

专利的许可或转让日益普遍，一些大企业如波音、IBM、杜邦等主动将打算往外许可的技术在公司网页上公开。专利交易也能带来可观收益，如 IBM 仅 2003 年从专利许可业务中就获得了 10 亿美元的收入。我国也出现了专门撮合专利交易的机构，其形式多样。有从事专利托管的机构，这些机构替委托单位管理和推广专利；也有为买卖双方提供对接的平台，如知识产权交易中心等。

现实生活中常见的专利入股，通常指专利转让和股权转让同步发生，但交易的方向相反。常见的专利转让是用现金购买专利。而在专利入股中，专利权人将专利转让给企业，换得的是股份而不是现金。在企业的资产负债表上，资产中多了一份专利权，实收资本中多了一部分股本。股本的价值正好等于入股时专利权评估的价值。专利权人最终能从专利权中获得多少现金报酬，取决于该股份能带来多少报酬。如果企业破产，可能一分钱都拿不到；如果企业被并购或上市，也可能收益颇丰。例如，孵化器中的企业，还不能给专利权人带来现金收益。一些拥有庞大专利组合的企业正热衷于以专利入股的方式实现扩张。2017 年，在美国 Aqua Licensing 公司组织下，AT&T 等大公司将超过 60000 项的专利放入一个专利池，初创企业可以以股权而非现金的方式获得专利权。[1]

许可的动机、时间、对象和价格都是值得斟酌的学问。拿许可动机而言，研究显示专利权人对专利进行转让或许可的具体动机多种多样。一些跨国公司借助跨境许可或转让来避税；[2] 在回答企业为什么愿意签订许可合同这一问题上，Gallini 指出对专利权企业愿意对与自己竞争的行业内小企业许可是为了防止更大竞争者的进入；[3] Katz 和 Shapiro 认为许可是为了获取额外的收入；[4] Shepard 认为许可是为了提高需求；[5] Lin 认为许可是为了推动今后的企业间合谋；[6] Arora & Fosfuri 认为来自其他技术的竞争也会推动企业间的许可。[7] 尽管这些文献用严谨的方式揭示出了许可等专利经营行为深层次的动机，但是，模型的复杂性导致这些思想只能被研究者分享，限制了普通读者共享。而现实生活可以观察到的导致专利转让或许可的一个情形是，单个技术可以在多个市场里得到实施。例如，生产电动自行车的企业

---

[1] Malathi Nayak，"Large Patent Holders Eye Startup Equity in Return for Patent Sale"，*Intellectual Property on Bloomberg Law*，August 2，2017，p. 202.

[2] William J. Murphy，John L. Orcutt，Paul C. Remus. *Patent Valuation：Improving Decision Making through Analysis*，John Wiley&Sons，Inc.，2012，p. 67.

[3] Gallini，N. T.，"Deterrence through Market Sharing：A Strategic Incentive for Licensing"，*American Economic Review* 74，1984：931 – 941.

[4] Katz，M.，Shapiro，C.，"On the Licensing of Lnnovations"，*Rand Journal of Economics*，1985，pp. 504 – 520.

[5] Shepard，A.，"Licensing to Enhance Demand for New Technology"，*RAND Journal of Economics*，1987，pp. 360 – 368.

[6] P. Lin，"Fixed-fee Licensing of Innovations and Collusion"，*The Journal of Industrial Economics*，1996，pp. 443 – 449.

[7] Arora & Fosfuri，"Licensing the Market for Technology"，*Journal of Economic Behavior & Organization*，2003，pp. 307 – 323.

和生产遥控玩具车的企业，其专利资产在技术特征和效能特征上比较相似，有一些技术可以通用。但它们在市场上却并不是竞争对手。如果将专利许可给予自己并无实质性竞争的企业使用，就是在自己的市场领域之外又额外多了一笔收益。因此，技术特征相似但却分别属于不同行业的企业会是潜在的交易对手。对专利文献进行相似度分析有助于寻找出相似度高的权利人。① 一些企业会出于优化自己的专利组合的动机来转让部分专利。具有进取心的企业会不断对技术进行改良。一些技术会被后来研发出来的具有更佳效能的技术替代。那些在性能上被后来技术超越的专利，是否就应该被放弃了呢？被超越的技术可能可以被用于不同的产品，如果能将该专利许可给在其他市场里经营的企业，那么，对企业 A 而言，意味着为自己的现有技术找到了一个无须额外花费成本的新用途。②

二　专利效能信息在提高专利技术交易效率中的潜在应用

我国目前出现了一些对专利交易进行撮合的中介机构，如各地的知识产权交易中心或交易平台等。一些机构的业务仅仅停留在发布专利供需信息、公证、备案和辅助变更权利人这些事务性的工作上。很少看到将经营活动建立在深度的专利信息分析基础上的中介机构，但决定这些机构经营水平高低的关键因素恰恰就是其对专利信息的利用水平。这是因为，专利交易撮合业务的各个环节都离不开对专利信息的分析。下面先将专利交易的主要环节和各环节面临的主要问题提炼出来，然后逐一介绍专利信息特别是效能信息在各个环节所能发挥的积极作用。

① D. Zhu, J. Lu, G. Zhang, Al Porter, L. Huang, L. Shang, Y. Zhang, "A Hybrid Similarity Measure Method for Patent Portfolio Analysis", *Journal of Informetrics*, 2016, 10 (4): 1108 – 1130.

② Aswal, Amit, "Optimise Your Patent Portfolio", *Managing Intellectual Property*, 2009, No.192: 102 – 105.

要成功撮合任何一笔交易业务（不管交易对象是不是专利），都离不开锁定交易主体、明确交易对象和设计交易合同三个环节。各个环节又都面临一些具体的问题。在锁定交易主体环节面临的问题是：撮合谁和谁之间的交易？怎样挖掘出潜在的买方和卖方？在潜在客户中如何识别出最可能成交的客户？在明确交易对象环节中，面临的问题是：哪些交易对象最具成交潜质？有哪些提高成交可能性的措施？在设计交易合同环节，面临的问题是：交易合同应该包括哪些方面的条款？应该如何针对交易主体和交易对象的特点针对性地设计交易合同？

（一）看专利交易中的交易主体锁定问题

当某个专利卖方委托交易平台帮助出售其专利时，如何找到对目标专利感兴趣的潜在买主呢？借助专利引证分析可以发挥一些作用。例如，哪些被授权专利引用了目标专利？目标专利自身又引用了哪些专利？有哪些专利和目标专利一起，共同引用了同一个专利？引证信息揭示了哪些机构可能会对目标专利感兴趣。例如，如果目标专利本身是一项核心专利，那么，对其进行改良的其他企业很可能会成为潜在买方。这是因为，我国专利法中要求，当某个专利是在前一个专利的基础上显著改进得到的，且其实施又依赖于前一个专利时，必须获得前一个专利权人的允许。又如，如果目标专利只是外围的改良性专利，那么，可以在被目标专利引用的专利中找到潜在的核心专利。拥有核心专利的企业就是潜在的买方，因为更多的外围专利将会使其拥有的核心专利的市场垄断地位更加牢固。

专利效能分析有助于进一步识别潜在买主的类型。根据待售专利的效能特征，可以对同行业企业在这些效能上的表现进行排序。例如，如果待售专利的特点是采用一种成本更低但寿命更短的原材料，那么，可以根据企业是追求高质量、高成本的市场定位还是低成本、质量适中的定位来对其进行分类。而其市场定位也会在专利文献中有所体现。从理论上讲，不惜高成本地追求高质量的企业的专利组合中，成本节省型的专利偏少。因此，在这种情况下，低成本地提供质量适中的产品的企业，更可能会是潜在的买主。因为目标专利的效能和该企业的市场定位一致。这样，后者便成了值得交易中心进一步追踪的潜在交易对象。

结合所关注企业的销售额增长率等财务指标，可以进一步锁定重点交易对象。通常，企业的销售额增长快，既与其市场推广和营销能力有关，也与其产品在某些方面迎合了消费者有关。如果所关注的企业中，有一些企业销售额增长快，但是在行业中的专利数量却相对少，那么，这些企业具有更高的成交可能性。这是因为，在与目标企业竞争的其他企业中，难免会有一些技术能力强的企业，万一这些竞争对手将营销能力的短板补齐了的话，目标企业的市场份额可能就会被竞争对手蚕食甚至鲸吞掉。因此，为了维持销售额的增长态势，目标企业就有必要强化自己的技术实力。这意味着，对交易中心而言，在推销某个专利时，有必要关注专利所处行业的技术集中度和市场集中度指标，对各企业在技术能力和销售能力上的分布有所了解，这样便于高效锁定潜在交易对象。

（二）看专利交易中的明确交易对象问题，即对哪些专利进行交易

将多个专利组合起来进行交易通常比单个分别交易更容易让买方接受。成功的中介机构要成为高效连接专利权人和被许可人或受让人的桥梁，必须对专利进行筛选和组合，以便增强专利的可售性。在庞杂的专利中，哪些更有用，哪些专利的权利更稳定，并不能一目了然。一些缺少专业的专利分析技能的但又需要技术的潜在买方如小型企业，会出于各种顾虑而放弃购买念头。但是，经过专业机构筛选的专利通常已经经受住了一套筛选流程或筛选标准的考验，更值得购买。而这些机构通过用自己的专业知识提高技术交易效率来获取利润。

要构建出更受欢迎的专利组合，离不开对专利信息的分析和挖掘。如果目标专利和另外一个专利共同被某个专利引用，那么，将这两个被共同引用的专利组合起来向进行引用的企业出售时，可以提高买方的购买意愿。这是因为，如果是在两个专利的基础上进行改良的，那么，通过一次交易解决许可问题可以降低交易成本。相反，如果目标专利和其他专利共同引用了某一

个专利，那么，拥有其他专利的企业也可能是潜在的买主。这是因为，对方可能是对共引专利在不同方向上进行改进，从而与目标专利组合起来后会具有更大的价值。这种组合增值使得达成交易成为可能。

在某种意义上，专利交易的实质就是对专利进行重组。为什么这样说呢？尽管从单个买方或卖方来看，专利交易仅仅意味着产权的转移，但是，从整个社会看，专利交易意味着专利归属进行了重新划分，更多地向买方集中。这与资产重组是类似的。在资产重组过程中，在参与者个人看来仅是资产的流入或流出，但从社会角度看则是对资产归属的重新划分。

专利效能分析有助于组建更有价值的专利组合。好的组合意味着对买方而言更具吸引力。在对专利进行筛选和组合以便增强可售性时，专利效能分析有助于组建更有价值的专利组合。具有多个方面的效能的专利组合在吸引力上大于单个专利。例如，专利 A 和专利 B 组合在一起使用时，能够使产品既节能又省时，这显然比产品仅能节能或仅能省时更能吸引消费者。但是，如果专利 C 和专利 A 结合起来用时，不仅同样能节能省时，而且还能节省原材料，那么，C 和 A 的组合显然更具吸引力，从而是比 A 和 B 更优的组合。通过一次性购买拥有多方面的效能，减少了购买者的搜寻成本、谈判成本等各类交易成本。值得注意的是，并不是随便两个专利都能组合起来实施。许多专利是不兼容的，只有相互兼容的专利才可能被组合在一起。不过，发现两个效能不同的专利不兼容可能是一件好事，可以成为研发部门新的研究任务。例如，可以找到让发动机转速提高的技术，也可以找到减少磨损的技术，但现有的大幅度减少磨损的技术却无法被用到发动机上，这一问题可以通过开发新的实用新型技术来解决。

（三）交易合同设计问题

在设计合同时，需要针对交易的特点针对性地设计个性化条款。通常认为，专利交易中的关键问题是估值，但在合同中引入应对不确定情形的条款同样重要。特别是专利价值本身具有很大的不确定性，任何估值结果都可能不是最终的实际价值。那么，这就需要在设计合同时，引入一些针对各种不确定性情况的条款。甚至可以像风险资本介入创业企业时所签订的合同那样，引入一些对赌条款。

不过，对交易撮合机构而言，最关键的工作还是如何说服交易双方接受合同所列的条款。这一说服工作同样离不开对专利效能的比较和分析。其主要逻辑如下。当交易撮合机构锁定买方后，根据目标专利的效能，结合相关经济数据判断出潜在买主实施该成果后的销售额、成本量和获利状况，对目标专利带来的收益进行比较准确的预测，由此判断买主愿意为目标专利付出的最高价格。

下一步就是说服卖方愿意接受等于或低于这一最高出价的价格了。在说服卖方时，可以直接以25%规则为依据定价，也可以将目标专利与其他具有替代性的类似专利进行比较，在相似专利的交易价格或回报率的基础上进行调整，让卖方认为撮合机构推荐的价格是合理的。有时候，还能找到其他理由来提高卖方的出售意愿。例如，如果买方实施目标专利的话，将有助于提高整个行业的市场渗透力。这意味着，当卖方也生产同类产品时，不仅能够获得转让费或许可费，还能够分享到整个行业市场扩大带来的好处。

上述分析是以撮合机构受到技术出售方的委托、代其寻找买主为背景展开的。这仅是撮合机构的两大业务模式之一。另外一个模式是受技术需求方的委托，承担起寻找合适的专利或潜在研发团队，为技术需求方提供技术解决方案的。撮合机构可以先对需求方当前所拥有的专利组合的现状和技术及效能特征进行分析，寻找能够改进效能且与其自身专利组合兼容的专利，然后给需求方提出购买哪些技术的建议。如果需求方在进行某项消费者调研后，意识到自己的产品迫切需要在某方面的效能上提高，那么，就可以进一步缩小搜索范围，直接从具备这些效能的专利中进行筛选。如果没有检索到兼容的专利，也可以通过分析具有类似效能的那些专利的发明人信息，为技术需求方选择最理想的研发团队提供参考。可见，如果能够有效评价和利用专利效能信息的话，专利交易中心将不再仅仅是一个撮合机构，而且还可以是一个替企业量身定做整套技术改进方案的高级顾问机构。一个可以高效率地找出满足特定客户要求的技术方案的交易撮合机构，甚至不需客户上门，便可主动找上门，向企业提出购买技术的建议和方案，从被动交易转向主动交易。

三　作为衍生交易的专利运营

今天，人们所说的专利运营，不仅包括这两种简单交易形式，还包括了在这两种交易形式基础上衍生出来的各种衍生交易，如非实施主体对专利资产的经营、抵押贷款和证券化业务。与两大基础交易方式相同的是，开展任何一笔专利运营业务的基础性工作都是要分析相关专利的内在特征，并以此为依据，针对性地设计交易合同，且每一笔交易都离不开技术供给方和最终需求方的参与。不同的是，专利运营在专利转让和许可这两大基本交易方式的基础上引进了一些新的元素。这些新的元素导致专利运营的合同设计和各个参与方的责权利发生了变化。或者说，专利运营实际上是在基本交易基础上演化出来的更加复杂的交易形式。但仍然以简单交易为基础。

非实施主体（如高智公司）的专利运营活动包括了购买专利和出售专利两大环节。在购买环节，在找到有潜力的专利后，通过签订合约，公司获得了目标专利的经营权；在出售环节，经过专利组合后，将专利对外转让或许可。这一买一卖，看似简单，但却需要投入大量的专业知识和精心架构。

在购买专利环节，为了获取理想的技术，得建立有效的专利筛选技巧和筛选机制。高智筛选机制的亮点之一是构建了一个面向全球发明人的技术供需网络平台。借助该平台，全世界的企业可以发布需要解决的技术问题，各地的专家可以提交自己的解决方案。对有潜力的研发方案，高智甚至可以投入一部分资金协助研发。高智借此获得了海量的技术供求信息，掌握了大量的第一手技术来源。在筛选各种方案的过程中，高智可以先行一步地掌握一些有市场需求的专利，并通过帮助协助研发、申请专利、签订转让或许可合同、维权来从专利收益中分享收益。高智筛选机制的亮点之二是采购还不具备产业化条件，但对产业布局重要的基础专利，对其进行二次开发，然后，对专利进行组合，以专利池的方式打包许可。这会大大增加专利附加值。

可以将高智运营模式与传统的风险投资业务进行比较。不难发现，高智模式对运营者的专业素质要求更高。风险投资者进行投资时，面对的对象是一个个已经架构起来的企业。这意味着创业者团队已经对所使用的技术做出了筛选和判断，认为是值得投资的。然而，在高智模式下，运营公司面对的是裸技术，有的技术甚至还只是一个连专利申请都没有提出的构想。这意味着，运营商必须具有非常独到的眼光（善于判断行业发展趋势及发展过程中的关键技术），才能够规避投资裸技术的风险和赢利。从公开的报道看，高智的赢利是很可观的。在中国的今天，风险投资行业发展迅速，从业者甚众。但是，掌握了风险投资的技能，未必能轻易掌握专利运营的技能；反过来，掌握了专利运营技能的人，要掌握风险投资的技能，则容易多了。一旦风险投资行业竞争加剧，那么，只有擅长筛选技术的机构才能获得超过行业平均水平的利润。目前，我国也出现了一些本地服务商，帮助专利权人组建专利池，进行许可和提供配套的维权服务。但是，我国的机构还没有介入研发环节，也没有主动采购基础专利进行二次开发。与境外机构相比，我国本土服务机构和交易中心在技术筛选、组合、合同设计、价值分析、客户挖掘等环节的基本功还需加强。

专利联盟是专利权人联合起来进行专利交易和诉讼的组织形式。我国产业界采用的专利联盟可以被分为两种类型。一种是外向进攻型，代表是2006年成立的顺德电压力锅专利联盟。这类专利联盟的主要功能是代表联盟成员集体对外许可和维权。这种行为导向与其成员在行业内处于技术优势地位有关。在联盟成立之前，成员不仅要处理相互之间的专利纠纷，而且还要应对众多小企业的专利侵权；联盟成立后，成员之间的纠纷通过联盟内设的许可机制得到解决，对联盟外的小企业的诉讼和许可则由联盟来统一执行。联盟专利池在各个环节分布了众多专利，提高了诉讼成功率。联盟成立后，联盟成员的产品占全国市场份额显著上升，几年后占领了绝大多数市场。①

另一种是内向防御型的专利联盟，代表是国内彩电厂商组建的中彩联专利联盟。在联盟成立之前，成员就已经占据了绝大多数市场，并不像电压力锅企业那样面临大量小规模的潜在竞争者。但是，通过组建专利联盟，成员可以集体以更优惠的条款从联盟外企业那里获得专利使用权。在被海外竞争者提起侵权或无效诉讼时，借助庞大的联盟专利池，可以有更大的胜算概率。由于其主要职能是帮助联盟企业获得专利和应对诉讼，所以称之为内向防御型。

专利证券化指以专利权的未来收益为支撑，将专利权分割转让出售给投资者。通常所指的证券化是指将一组已经签署许可协议从而能够产生现金流量的专利权，作为基础资产进行证券化。这意味着要以数量足够多的许可交易事件为基础。这意味着一些撮合了较多笔数的专利许可交易的交易平台在从事专利证券化方面有天然优势。在相关专利权被列入基础资产后，应该限制原来的权利人对其专利权进行后续许可，或者限制原来的权利人实施专利权的范围，这是因为被列入基础资产的专利权应该具有相对稳定的收益，如果发起人可以不受限制地继续使用专利权，会导致收益不确定或者高风险，降低人们的认购意愿，导致发行失败。那些没有签署许可协议的专利权，并不是合适的基础资产。如果发行还没有产生收益的专利的证券化，还得特殊目的机构（SPV）去进行专利推广，这加大了收益波动的风险。而且目前显然缺乏这样的高级经营人才。专利证券化既涉及一级市场，也涉及二级市场。在为已经成功发行的证券提供二级市场时，需要像股票二级市场那样要求强制性的信息披露，甚至有必要引入做市商制度。

专利质押贷款指通过将专利权质押给金融机构来获得贷款。2006 年起在政府推动下专利质押融资发展迅猛。专利质押业务涉及一系列的数字。这

---

① 顺德打造电压力锅专利联盟，http：//epaper. gdkjb. com/html/2011 - 08/26/content＿ 14＿ 1. htm。

些数字反映了实施该业务中所需考虑的关键因素。这些数字包括专利估值、质押率、单份质押合同所含的专利组合个数、违约率、担保率、是否有担保或保险（0~1变量）等。对这些数字的考察，实际上就是对如何设计专利质押合同的考察。其中，质押率是贷款金额与质押物现值的比率。金融机构设定质押率的用意是防范专利质押贷款中一般不超过30%。

专利运营是以两大基本交易为基础衍生出来的。各种专利运营模式最终都离不开对专利进行许可或转让。在前述几种运营模式中，都包含基本交易方式，同时又添加了各具特色的元素。例如，非实施主体如高智的专利自营业务，建立在一买一卖的基础上，买的过程就是通过转让或许可的方式获得专利的过程，卖的过程也是通过转让或许可从专利中受益的过程。不同的是，在买的过程中，借助发明人网络获得有潜在市场需求的创意，并进行资金投入或通过自己聘请的研发人员进行研发。另外，在卖的过程中，有意识地进行了专利组合，并通过采用多方联合分成的许可方式实现利益共享。

类似地，可以对前面介绍到的其他专利运营模式进行类似的分析。表7-1集中展示了前述几种运营模式与基本交易方式的联系和区别。专利联盟承担着促成成员之间的相互许可、替成员一致对外许可和从外部获得许可的工作。其业务离不开许可这一基本交易。与传统专利许可不同的是，专利联盟建立在集体行动的基础上，并承担着入池专利的筛选、维权和应诉等工作；专利证券化中，专利许可的收益归证券投资人享有，意味着SPV的主要职能就是完整地收集许可费，并将之支付给证券投资人。其基础性工作仍然是使池中专利权的许可合同得以履行。不同的是，通过将具有不同风险属性的专利打包，可以降低投资人的风险。这里的打包未必是将同一行业专利放在一起，相反，可能需要将具有不同风险属性的不同行业的专利放在一起，才能起到分散风险的效果；专利质押贷款是一种约定条件满足时（指债务人违约）必须实施的专利权转让行为，具有或有（contingent）的性质。当借款人不能按时还款时，专利权会被转让给债权人。因此，专利质押贷款也是以基本交易方式为基础的。除上述几种模式之外，其他运营模式同样是在基本交易方式的基础上添加了各具特色的元素，因此也可以被视为衍生交易方式。读者可以对它们做类似表 7 - 1 的分解。

各种运营模式之间存在着业务衔接的可能，这样，就会形成一个对专利进行交易的运营链条。例如，可以将专利质押贷款本身作为证券化的基础资产，将债权分割成债权后向投资者发行。与前面介绍的以专利权许可费收益流为基础资产的证券化的关键差异在于，这里是以贷款本身作为基础资产的。进行这样的证券化处理后，银行就无须操心贷款违约之后，对专利资产的管理问题了，对专利资产的管理和后续处理将由专门的 SPV 来处理。

表 7 - 1　作为衍生交易的专利运营

运营模式	包含的基本交易方式	在基本交易方式外添加的元素
非实施主体自营	买和卖的过程分别是通过转让或许可来获取或出售专利的过程	技术发现、配套研发、专利组合、多方联合分享收益
专利联盟	促成成员之间的相互许可、替成员一致对外许可和从外部获得许可	受成员委托，进行入池专利的筛选、维权和应诉
专利证券化	SPV 的主要职能是完整地收集许可费	将具有不同风险属性的专利打包，由投资人联合享有未来的收益
专利质押贷款	具有或有转让交易的性质	若债务人按约还款则不发生转让

四　专利效能信息在专利运营中的应用

不管是技术的供需方、交易撮合中介还是专利运营机构，都可借助对专利效能的分析来提高工作效率。当非实施主体进行专利自营时，其业务模式是先用转让或许可的方式获得专利权，再许可或转让给其他企业，自己从差价中获利。是否能成功获利，取决于其对买卖专利的价格进行判断和预测的能力。当卖方报价大大超过买方报价时，就可以通过先买后卖获利。前述对专利交易撮合机构开展业务所需技能的分析，也完全适用于非实施主体的专利自营业务。两者都需要搜寻和确定供求方、对专利进行恰当组合以实现增值和需要具备说服交易对手接受报价的能力。两者也都离不开对专利效能的分析。

与专利交易中心或平台相比，专利运营机构得更加积极主动地去挖掘客户。这是因为，潜在的技术供需方通常会主动找交易中心而不是运营机构公布自己的供求信息。在主动挖掘客户的过程中，运营机构自然会对潜在的客户进行分类处理。分类的标准不止一个，例如，可以按照专利权人的身份分为高校、科研院所、企业和个人。Yang（2016）则根据核心专利和外围专利的分布特征，将专利权人拥有的专利组合分成黑型、星型、云型和星系型。所谓黑型，指各个专利之间缺少内在联系，这些专利通常由大学拥有；星型的专利组合指仅有一些核心专利，但并不拥有外围专利；云型指一个核心专利周围有许多外围专利；星系型则指多个核心专利被大片外围专利包围[①]。

这里，借助这一分类标准，对运营机构的分而治之的经营策略进行讨论。我们主要关注拥有黑型和星型专利组合的机构。在黑型专利组合的拥有者即大学里，研究者们并不主要通过向市场出售专利来谋求职业发展，其研发活动受自身的兴趣和学术志向影响。因此，大学的专利处于零星散落的状态，各专利之间很少相互补充，更不用说联合起来构成一张保护网。尽管大学的专利由于离产业化有一段距离而受到批评，但是，仍然会从中冷不丁地冒出一些核心专利。核心技术可以借助专利引证数来发现。这些核心技术成为自营机构理想的购买对象。一个原因是大学很少亲自实施专利，所以只要价格合适，通常愿意出售；另一个原因是，围绕这些核心专利开发出一系列外围专利，工作并不算太难，但回报会很可观。将核心专利和开发出来的外围专利组成专利池后出售，可以获得大幅度的增值。

对拥有星型专利组合的机构而言，交易策略有所不同。由于交易对象仅有一些核心专利，因此，可以通过搜寻一些外围专利，组成专利池向其出

---

① Yang Qin, Minutolo, Marcel C., "The Strategic Approaches for a New Typology of Firm Patent Portfolios", *International Journal of Innovation and Technology Management*, 2016, Vol. 13, No. 2, 1650012.

售，从而有助于提升或优化交易对象的专利组合。

专利组合是专利运营中的基本工作。将专利组合起来会增值，其原因至少有以下几个。

其一，将替代性专利组合在一起，可以减少被替代的空间。一个核心技术诞生后，后来者可以通过权利替换，获得类似技术但不算侵权，这种行为属于合法模仿。为了避免合法模仿，通常，一个核心技术的专利拥有者要围绕该核心技术申请多个专利，才能避免让其他人合法模仿。而将可能通过替换而构造出来的技术和原专利技术组合在一起，有助于避免这些问题，有助于更有效地排除竞争者。

其二，将互补性专利组合在一起，同样有助于提升整个组合的吸引力。就像经济学中互补性商品一样。左鞋子和右鞋子，是互补的，失去任何一个，另外一个都没有价值。专利也一样。有些专利技术，是生产同一个产品必需的，放弃其中一个，就无法生产出产品。从而使得另外一个没有价值。这时候，将互补性专利组合在一起共同许可，有助于提高整个组合的吸引力。

其三，将改进型专利和原专利组合在一起，可以减少被许可方的交易成本。后来者在该技术的基础上进行应用性改良或拓展，增加一些新的创新点，并就这些新的创新点提出专利申请和权利要求。在后专利的拥有者为了使用在先专利，不得不获得在先权利人的许可；反过来，在先专利拥有者为了使用这些新的创新点，还不得不获得后来者的许可。将两类专利组合在一起，第三方购买时可以一次性完成交易。

其四，即使专利之间并没有替代性或互补性，例如完全处于不同的行业，组合后也可以降低整体收益风险。根据组合资产理论，专利组合所获得的许可费收入流，相对单个许可费收入流而言，波动性会更小。一些初具经营规模的知识产权交易中心或平台可以把已经签订了许可合同的专利权组合起来，形成一个资产池，然后以其许可费收入流为基础资产进行证券化。此时，组合资产的定价会高于单个专利价值的简单相加。

在对证券化了的资产进行定价时，最关键的就是对许可费收入流进行收益和风险分析，这需要借助对各个专利的效能进行分析，并考虑各专利的收益波动相关性，在此基础上确定组合资产的整体风险和整体收益率。[①] 例如，假设黄金销售额和人工智能产品销售额的增长率存在负相关性。此时，如果将已经签署许可合同的某项黄金加工技术的基础专利和某个人工智能的基础专利组合起来，那么，该组合的许可收入流的波动性会小一些。对于风险厌恶者而言，低波动性就意味着价值增值。

在专利质押贷款业务中，专利效能分析亦发挥着类似的作用。在我国专利质押贷款的实际工作中，针对单个专利的质押贷款和对专利组合的质押贷款大约各占了半壁江山。在专利质押贷款中，专利组合也由于组合风险低、违约后更容易处置等特点受到银行青睐。专利组合并不局限于单个企业内部，不同企业拥有的专利也可以被组合起来。例如，在申请专利质押贷款时，可以由多个专利权人将其专利组合起来，共同向银行申请贷款。并且，按照事先协商好的份额分配贷款和偿还贷款，万一其中有企业违约，其他企业替其偿还。这样，便通过将民间连带担保机制引入专利质押贷款中来，进一步降低违约率。对各个专利的效能及其相关性的认识，有助于银行更好地判断组合贷款的风险，便于在合同中确定合适的贷款利率和质押率等关键指标。

在专利联盟的组建和运行中，专利效能分析可发挥作用。在对入池专利进行筛选时，在申请入池的专利中，如果专利 A 和专利 B 具有类似的效能，但是专利 A 显著比专利 B 的效果更好，那么，选择 A 和放弃 B 就是专利联盟对待申请者的态度；在专利联盟对许可费收入在成员之间进行分配时，目前通常采取的做法是，假定各个专利的贡献和价值是相同的，然后根据各个成员拥有池中专利的个数进行分配。贡献个数越多的成员分到的收入越多。这种分配方式未必是最有效率的。有时候，基础技术已经过期或并没有受到专利保护，而专利池中的技术都是在基础技术的基础上朝不同效能方向的改

[①] Xian Zhang, Haiyun Xu, Shu Fang, Zhengyin Hu, Shuying LI, "Building Potential Patent Portfolios: An Integrated Approach Based on Topic Identification and Correlation Analysis" *Chinese Journal Science*, 2015 (2), pp. 39 – 43.

进。此时，如果可以基于各个专利的效能对其经济价值进行估计，那么，专利联盟就可以根据各个专利对联盟专利池的贡献大小在成员之间分配对外许可的收入了。这更符合贡献越大回报越大的原则。

总之，借助效能信息，有助于对专利组合的收益和风险有更准确和客观的判断，从而有助于各项专利运营业务的开展。

第八章　专利效能信息在风险投资
活动中的应用

一　专利信息影响风险投资决策的现实证据

风险投资的对象主要是运用新兴技术从事创业活动的风险企业。在投资时，各个技术所具备的特征不可避免地会影响到风险投资者的决策。这意味着记录着丰富技术、权利和其他信息的专利文献可以成为被杰出的风险投资团队主动利用的对象和决策辅助工具。反映某个特定技术的特征的专利文献，既包括了直接记录技术本身内容的专利文献，也包括记录了与该技术相关的其他技术的专利文献，如竞争对手的专利申请书和法院的专利判决书等。一些国际学术研究已经证实，专利信息确实对风险投资者的决策产生了影响。下面介绍的这些研究比较生动地揭示了专利信息在风险资本介入、合作和退出环节所发挥的微妙作用。

其一，专利信息会对介入环节的决策产生影响。Haeussler 对英国和德国的企业进行了考察，结果表明，风险投资者们不仅更青睐那些提出专利申请的企业，而且他们还会借助企业申请专利过程中产生的一些文件（如审查员的检索报告和提出异议的记录等），来减少投资时的信息不对称问题，以便更精确地判断企业的投资价值。而企业家也主动利用专利信息发布来吸引风险投资者。[①] Conti、Thursby & Thursby 认为，初创企业申请专利的动机

---

① Carolin Haeussler, "How patenting informs VC investors: The case of biotechnology", *Research Policy*, 2014: 1286 – 1289.

之一就是要吸引风险投资，来缓解资金不足。对初创企业而言，提交专利申请从而将技术特征、权利范围向社会公开，实质上是在向潜在投资者发布信号。在他们构建的理论模型中，既存在拥有不同质量的技术的多个初创企业，也存在能够提供不同附加服务的多个投资者。初创企业通过发布专利信号，吸引投资者，该模型能够实现分离均衡，即高质量的投资者会与拥有高质量技术的初创企业合作。[①] Zhou 则发现拥有专利和商标都能增强初创企业对风险资本的吸引力，而且当初创企业同时拥有专利和商标时会产生显著的互补效应，因为这意味着该企业不仅具有强的技术能力，而且具有一定的市场开拓能力，从而更能吸引风险资本。[②]

从理论上讲，在介入环节，专利资产的状态是会对某些合同条款如持股比例产生影响的。在其他因素相同的条件下，那些拥有权利稳定、可实施性强的一系列核心专利的企业，预期利润高，风险投资者所要求的股份比例可以相对小；反之，拥有较少核心专利、预期利润低的企业，风险投资者会要求相对高些的股份比例。由于企业专利资产的特征多在专利信息中得到反映，因此，专利信息与风险投资合同中的具体交易条款也存在联系。

其二，专利信息可能会对合作过程中的决策产生影响。Hoenen et al. 检验了专利申请数据是否对第二轮融资金额产生影响。他认为，既然初创企业申请专利的目的是通过减少融资过程中的信息不对称，来增强对投资者的吸引力，那么，当第一轮投资结束之后，随着风险投资者对被投企业的经营管理越来越熟悉，信息不对称问题也就不像最初那么严重了。在这种情况下，专利申请便会渐渐丧失融资信号的功能。该文对 580 家美国生物科技企业进行了考察，发现了支撑其观点的证据：在样本中，企业专利的申请和授权状况影响着企业在第一轮融资中获得的资金金额，但对第二轮融资中获得的金

---

① Annamaria Conti，Jerry Thursby，"Marie Thursby，Patents as Signals for Startup Financing"，*The Journal of Industrial Economics*，2013：592 – 622.

② Haibo Zhou et al.，"Patents，Trademarks and Their Complementarity in Venture Capital Funding"，*Technovation*，2016：14 – 22.

额却并没有显著影响。①

从理论上讲，在合作环节，风险企业专利资产的状态是动态变化的，这也反映在专利信息中。当专利资产的状态发生变化时，一些具有选择权属性的条款允许风险投资者在约定事件出现时做出特定决策，或者加大投资者做出某种决策的可能性。

其三，专利信息会对退出环节的决策产生影响。Fabrizi、Lippert、Norbck 和 Persson 考察了在风险资本退出环节专利信息的作用。② 他们认为，当风险资本退出企业时，为了获得更高的溢价，会推动企业申请专利，并争取更多项数的专利权利要求。这样做的目的是要向市场表明，该企业拥有高质量的创新成果，从而可以低成本地提出并获得比较多的专利权利要求。而对那些只是拥有低质量的创新成果的企业而言，获得更多专利权利要求的成本过于高昂，从而并不积极地去申请。这样，专利的权利要求个数便成为一种可以将拥有高质量的创新成果的企业和低质量的创新成果的企业区别开来的信号。

从理论上讲，在风险资本的退出环节，专利资产的状态会与退出时获得的回报、退出方式和投资周期等存在某些潜在的联系。例如，某些企业已经发展成熟，在行业中的地位比较稳定。这些企业适合通过 IPO 方式让风险资本退出。另外一些企业则仍处于变数很大的状态，通过 IPO 方式退出未必划算，更适合私下转让。而一个企业是处于成熟稳定状态还是处于变数很大的状态，在专利文献中会得到一定体现。这意味着，专利信息与退出方式也存在关联性。

实际上，专利信息几乎与风险投资的各个决策环节相关。在寻找项目环节，技术前沿、技术趋势、技术洼地、技术专家、研发团队等都在专利信息中得到反映；在项目评估环节，潜在竞争对手的个数、实力、强弱和

---

① Sebastian Hoenen, et al., "The Diminishing Signaling Value of Patents Between Early Rounds of Venture Capital Financing", *Research Policy*, 2014: 956 – 989.

② Simona Fabrizi, Steffen Lippert, Pehr – Johan Norbck & Lars Persson, "Venture Capitalists and the Patenting of Innovations", *The Journal of Industrial Economics*, 2013: 623 – 695.

技术垄断程度，也可在专利信息中得到反映。风险投资机构的投资方式、项目组合策略、投资回收周期设计等多个环节也都可以依据专利信息做出更严谨的决策。可见，用专利信息来辅助风险投资决策，具有很大的研究空间。

以上研究表明，专利信息与风险投资决策及绩效之间存在内在的逻辑关系。专利信息之所以能够对风险投资决策产生影响，其内在机理在于，专利信息反映了专利资产的特征和记录了专利资产状态的变动，而风险投资在介入、合作和退出环节的决策均受到专利资产特征和状态变动的影响，因此，专利信息和风险投资决策之间存在内在联系。将专利信息与风险投资决策联系在一起的是"专利资产的特征"这一概念。

"专利信息学"的发展已经使得人们可以借助一系列指标从不同角度来描述和测量专利资产的特征，这使得"专利资产的特征"不仅仅是一个理论上的概念，而且也是一个可以被测量的概念。这样，关于专利信息与风险投资行为之间的理论猜想或假说就可以被检验了。这将有助于加深人们对风险投资决策的理解。国际上一些杰出的风险投资团队并不乐意将自己的投资技巧公之于众。但是，他们的投资行为和与所投企业相关的专利信息却可以被公众观察到。如果采用恰当的理论研究和数据分析方法，就可以对他们的投资逻辑进行猜想和检验。也就是说，可以借助专利信息对国际杰出风险投资者的商业诀窍进行解码。

更具有实践意义的是，既然有效率的风险投资决策会考虑到专利文献记载的信息，那么，反过来，就可以通过主动地、科学地利用专利文献，帮助风险投资者做出更合理的决策。

二　专利效能信息在风险投资决策中的作用

风险投资通常投资于行业发展早期的创新型企业。专利文献所包含的技术信息、权利信息、格式化信息以及效能信息均能为风险投资者的决策提供参考。借助技术信息，可以判断技术发展趋势、确定技术洼地等；借助权利信息，可以确定企业的市场独占范围以及独占自身的稳定性；借助权利人、发明人、时间等非格式化信息，可以确定竞争对手、优秀研发者、研发趋势等信息。

专利效能信息也能在风险投资决策发挥其独特作用。在风险投资的介入环节，投资者无不希望挖掘出独角兽来进行投资。独角兽的常见特征是，其拥有的专利组合既符合技术发展趋势，又是市场和技术的空白点，且鲜有强有力的竞争对手，本章第三节提供了一个利用包括专利效能信息在内的各类专利或非专利信息对风险企业进行筛选的示例。又如，由于行业发展处于早期，提供特定效能或满足特定市场需求的技术路径不确定，例如在当前面临的三条潜在技术演变路径中，并不容易判断哪一条路径最终会成为主流路径。在这种情况下，风险投资需要对这三种技术进行组合投资；在风险投资的合作环节，风险投资者在对风险企业进行管理时，可以利用包括专利信息在内的多方面信息对风险企业进行跟踪管理，本章第四节提供了一个利用包括专利效能信息在内的各类专利或非专利信息对风险企业进行动态跟踪和管理的示例；在风险投资的退出环节，风险投资者希望能以较高价格转让股权，则可以围绕效能提升来进行密集的专利布局，使企业专利组合能够从多个方面更好地迎合消费者。这种布局会向资本市场传递出风险企业未来的市场份额稳定的信号，从而提高股权转让时的溢价。

包括专利效能信息的专利信息有助于提高风险投资决策的效率。具体说来，至少体现在以下几个方面。

其一，包括专利效能信息的专利信息可作为创业者的有效沟通工具。在向潜在的投资者募集资金时，创业者可以借助专利文献来提高与投资者沟通的效率。例如，可以借助专利的技术集中度、地域集中度和行业集中度等描述集中度的指标，向投资者传递出自己创业项目的技术特色和技术优势、将企业设在某个地域的理由和所处行业的主要竞争者，尽量清晰地描述自己项目的竞争优势和盈利前景。一些可视化分析工具如专利技术地图、专利权利地图和专利效能地图均在风险投资行业中有应用前景。这些地形图也可成为创业者的有效沟通工具。一些风险机构的投资者每天要阅读 30 份左右的投资建议书，用图形向他们形象直观、简明扼要、客观准确地介绍创业计划，是创业者能否成功融资的关键。例如，创业者的创业方案中通常有一套关键技术。通过与同行业的其他企业的专利效能地图进行对比，创业者可以明确地向投资者介绍自己的市场定位，而不仅仅是技术定位。同时，还可以更明确地介绍自己将来的研发策略如何能进一步拓展自身专利组合在效能上的布局从而提升在市场竞争中的优势。

其二，为风险投资者的决策提供依据。风险投资者在筛选项目时，要判断拟投资行业和企业的成长性。这样做，既可以避免投入成熟行业和衰退行业，又可以针对处于导入期（萌发期）的行业设计更有针对性的公司治理方案和管理方案。例如，通过对专利申请趋势的分析，就可以做到这一点。在专利申请趋势分析中，借助专利申请文献中的统计信息，可以设计出一系列指标，来判断一个行业和企业的成长性。这些指标包括技术生长率、技术成熟系数、技术衰老系数等，也可以使用相对增长率、增长潜力率和相对增长潜力率等。此外，还可以借助图形和数学模型来判断行业和企业的成长性，例如 S 形曲线数学模型法。

但是，这些传统方法还不能充分满足风险投资者的需要。在筛选投资对象时，一些风险投资机构集中于某个或某几个新兴行业进行投资。在选择被投资的企业时，需要选择目前业绩并不太突出，但在将来竞争力快速提升的公司。此时，他们更看重的是将来的竞争力，从而更关注企业现有的、但尚未充分实施的技术资源。如果某个企业的技术资源的确能在将来有效提升企业市场份额，则该企业便是可考虑的投资对象。而企业专利组合的效能信息就是判断未来市场份额提升潜力的重要依据。

专利效能地图可作为风险投资机构筛选项目的分析工具。在新兴产业发展初期，各企业的技术资源通常具有较大的差异性，且多属于前沿技术。然而，如果消费者不认同，高技术并不一定能带来收入。因此，投资者更看重的是一个企业是否具有良好的市场需求和经济效益。专利效能地图能帮助投资者从市场角度而非仅仅技术角度来判断新兴产业内企业的成长前景。如果一个企业的若干个关键技术的效能特征远远优于市场上的同类技术，那么，该企业就具有大的潜在市场需求和垄断力量，从而是更值得投资的。因此，在使用专利技术地图等传统分析工具时，引入专利效能地图，将有助于筛选出更具发展潜力、更可靠的项目。

其三，专利效能地图有助于风险企业选择恰当的持续创新路径。在企业创建之后的持续技术创新中，专利效能信息亦能发挥用武之地。绘制出自身所处行业主要厂商的专利效能信息后，企业的总经理层和技术总监便可知道行业内各主要厂商的市场竞争优势集中在哪些方面，以及自身的竞争优势与劣势，从而在下一步的研发工作中，制定出一套有针对性的方案；企业还可以通过从外部引进的方式获取技术，而借助专利效能信息，企业可更有效地获取外部技术资源。例如，如果企业认为降低成本能提高自身的市场竞争力，那么，就可以在"降低成本"取值水平较高，但尚未在生产中实施的众多前沿技术中进行选择，这在引进国外前沿技术时对企业意义更大。

三　借助专利效能信息进行项目筛选示例

（一）筛选方法简介

层次分析法（AHP）是美国数学家 T. L. Saaty 构建的用于在具有多个比较维度的不同对象之间进行选择的一种分析工具。在现实生活中，当人们在不同对象之间进行选择时，未必能找到量纲一致的数字来对对象的各方面特征进行描述。例如，一个社区的好坏会受到地理位置、富裕程度、治安环境、城市规划等多方面特征的影响，而测量这些特征的量纲却不一样，就像无法把一个人的血压和识字多少折算到同一个量纲里一样。当可以用一个单一的量纲去描述供选择对象时，选择会比较简单，例如，从某个群体中选择个子最高的人或考分最高的人。但是，当被考察的对象无法被同一个量纲描述时，问题就变得复杂了。层次分析法就是被设计来解决这类决策问题的。

层次分析法在多个领域得到了比较广泛的运用。在风险投资者选择风险企业进行投资时，也可借助层次分析法对专利信息进行分析，然后借助分析结果来辅助决策。特别是当风险资本准备介入处于种子期和成长期的企业时，尤其关注企业所拥有的专利组合的特征。此时，需要对不同待选企业所拥有的专利组合做出优劣判断。专利文献中蕴含着丰富的信息，这些信息从技术、权利和性能等不同角度描述着企业拥有的专利组合的特征。而这些特征通常难以用同一个量纲来刻画。这就意味着可以用 AHP 法来分析专利信息，帮助风险投资筛选投资对象。

（二）分析层次的构建

运用层次分析法的第一步是要构建起分析的结构或框架，该框架至少要包含目标、准则和方案三个层次。首先是"目标"这个层次。在利用 AHP 法分析专利信息帮助风险投资者筛选项目时，目标是要尽可能筛选出未来盈利前景可观的项目。但是，由于风险项目的经营存在高度的不确定性，很难确定出未来的盈利金额，这样，"目标"就只是一种出发点或一种原则。好在层次分析法并不要求"目标"是可测量的。其次是"准则"这个层次。准则指的是判断专利组合的标准。在分析专利组合时，可以从多个标准对其做出判断，例如，可以判断专利组合的权利独占程度、投入实施的便利程度和在效能上的优越性等特征。最后一个层次是"方案"，也就是各个待选企业的专利组合。

在构建好用于分析的结构或框架之后，就需要在准则和方案两个层次上分别构建起两两比较的判断矩阵。在准则层次上，判断矩阵意味着专利组合的各个特征在投资者心目中的相对重要性；在方案层次上，判断矩阵意味着就某个准则（如权利独占程度或效能优越性而言）而言各个企业的专利组合的相对取值。接下来要做的事情就是对判断矩阵进行计算，得出最佳投资方案了。

在这一过程中，如何充分利用专利信息呢？如前所述，在构建起描述专利组合特征的各个准则（如专利组合的权利独占程度、投入实施的便利程度、在功效上给用户带来的便利等）之后，接下来是对各个企业的专利组合就某个准则进行比较。例如，对各个企业所拥有的专利组合的权利独占程度、投入实施的便利程度、在功效上给用户带来的便利或者效能取值等进行两两比较。在比较时，就轮到专利信息发挥作用了。表 8-1 给出了在方案层次对判断矩阵赋值时，供打分者参考的专利信息。

表 8-1 所列举的信息中，既有可以计算出具体数值的指标如权利要求个数、引证个数等，又有难以计算出具体准确的数值的指标，如获取各个投入要素的难易程度。在实施专利组合时，需要特定的设备和掌握特定技能的专业人才。分析者在判断是否容易获得这些要素时，需要借助对整个行业的设备和人才供给状况进行分析判断，通常只能做出大致的估计。有时候，实施专利还需要获得其他在先专利的许可，这也会引起专利实施的不便利。

表 8-1　对准则进行两两比较时所参考的专利信息

准则	构建判断矩阵时所参考的专利信息
专利组合的权利独占程度	核心专利个数、非核心专利的包围效果、文献相似度、权利要求个数、前引和后引个数、胜诉的无效和侵权案件个数、同家族专利个数、IPC 代码衡量的保护宽度等
实施应用的便利程度	对技术说明书进行分析，估算获取各个投入要素的难易程度
给用户带来的便利或者效能取值	对技术说明书进行分析，估算给用户带来的安全、便利、低成本、环保、美观等方面的功效

（三）演示案例

接下来，通过构建一个例子，来演示如何借助 AHP 法分析专利信息，辅助风险投资筛选风险企业。目标层用 A 表示，在此例中为"找出拥有最可观盈利前景专利组合的企业"。准则层用 C 表示，共有三个准则 C_1、C_2 和 C_3，分别代表"专利组合的权利独占程度"、"实施应用的便利程度"和"在功效上给用户带来的便利或者效能取值"。方案层用 P 表示，共有三个拥有各自专利组合的待选企业，分别用表 P_1、P_2 和 P_3 示。表 8-2、表 8-3、表 8-4 和表 8-5 分别给出了准则层次和各个方案层次的判断矩阵。

表 8 - 2　A - C 判断矩阵

A	C_1	C_2	C_3
C_1	1	1	0.33
C_2	1	1	0.33
C_3	3.00	3.00	1

表 8 - 3　C_1 - P 判断矩阵

C_1	P_1	P_2	P_3
P_1	1	0.25	2.00
P_2	4.00	1	8.00
P_3	0.50	0.13	1

表 8 - 4　C_2 - P 判断矩阵

C_2	P_1	P_2	P_3
P_1	1	2	5.00
P_2	0.50	1	2.5
P_3	0.20	0.40	1

表 8 - 5　C_3 - P 判断矩阵

C_3	P_1	P_2	P_3
P_1	1	5	3.00
P_2	0.20	1	0.60
P_3	0.33	1.67	1

上述四个矩阵的最大特征值均为 3，正好等于方阵的秩。从而衡量判断矩阵一致性的指标 CI 和 RI 均为零，说明四个矩阵都具有完全一致性。这意味着，在对各准则和各方案进行两两比较时，专家的评判标准具有一致性。例如，在权利的独占程度上，专利组合 P_1 和 P_2 之间的比值为 0.25，P_1 和 P_3 之间的比值为 2。那么，P_2 和 P_3 之间的比值就应该为 8，而不是其他数值。

运用 AHP 法对各矩阵进行运算，求出归一化的权重，如表 8 - 6 所示。

最后计算出各专利组合的得分，如表 8-6 中最后一列所示。可以看出，第一个专利组合的得分最高，从而选择拥有该组合的企业进行投资。

表 8-6 AHP 法的计算结果

	C_1	C_2	C_3	各专利组合得分
	0.2	0.2	0.6	
P_1	0.18	0.59	0.65	0.55
P_2	0.73	0.29	0.13	0.28
P_3	0.09	0.12	0.22	0.17

四 借助专利效能信息对风险企业动态管理示例

（一）引入专利效能信息进行风险监控的基本思路

风险投资的一个基本特征是通常发生在未来高度不确定的环境里。风险资本的英文是 venture capital。在这里，venture 的内涵就是指具有冒险性或高风险性的事业。而这种高风险性通常源自行业发展早期技术和市场等因素的变动。严格地讲，对技术和市场已经成熟稳定的企业进行投资，并不能算真正意义上的风险投资。这一基本特征使得风险投资在投资理念和投资方法上有着不同于其他投资活动的特征。例如，风险投资通常采取多轮投资的注资方式，下一轮是否注资取决于新出现的情况；又如，风险投资会侧重对整个行业的投资，可能会投向同一个行业里的十个企业，只要一个发展壮大，便能保证整体盈利。需要强调的是，向风险企业注资后，风险投资者还必须关注整个行业的技术及相关市场的变化，并针对性地做出调整行为，才能尽可能在一个高度不确定的环境里保证自己的利益。

那么，风险投资者是如何敏感地捕捉到整个行业的技术及市场的变化的呢？这是成功风险投资者的商业诀窍（know-how）之一。近年来，随着我国风险投资机构数目的增加，不仅资金规模扩大，而且在投资方式上也出现了投向创业早期阶段的发展态势。然而，我国本土的风险投资机构与海外成功的风险投资机构相比在许多方面还存在较大差距。一般认为国内外政策和文化环境的差别是造成国内外风险投资行业差异的原因。然而，笔者认为，在国外成功风险投资机构中的核心成员所拥有的各类"隐性知识"，也是造成差距的一项重要原因。这些隐性知识是那些杰出的普通合伙人一直能取得骄人业绩的关键性因素，体现为风险投资机构在项目筛选、评估、介入方式和管理手段等方面的独特技巧。国内风险投资机构要缩小和海外机构之间的差距，就需要掌握这些关键性的隐性知识。然而，这些关键性的隐性知识存在扩散方面的障碍。拥有隐性知识的投资人并不乐意将自己的看家本领公之于众。例如，当人们向红杉资本的资深合伙人莫瑞茨请教投资成功的诀窍时，他坦言自己并无兴趣向其他风险投资公司提供行动指南。这背后的原因是，一旦这些隐性知识扩散开来，成为被其他风险投资机构掌握的公众知识，原本具有优势的投资机构就会面临更加强有力的竞争者。

此处尝试设计一套专利预警方法，为风险投资者提供捕捉整个行业技术及市场变化的便捷工具。这套方法的基本思路是，企业的盈利能力主要取决于它垄断市场的能力。对风险企业而言，其市场垄断能力主要源自其专利资产，包括权利覆盖范围、权利稳定性、实用程度等在内的风险企业专利资产的特征决定了风险企业垄断市场的能力。但是，在一个高度不确定性的世界里，这一垄断市场的能力并不是一成不变的。其他新技术的问世可能会分走已有技术的半壁江山，或者将一项原本看好的技术彻底淘汰。因此，风险投资者的任务便是监测这一垄断能力的变化。市场营销、人力资源管理等这些工作，都是在企业拥有既定的专利资产及相应的潜在垄断能力的前提下开展的，其职能是将潜在的垄断利润尽可能转变为更多的实际垄断利润，这些工作更多地由风险企业的总经理或管理团队来承担。而风险投资者应该更多地关注基于风险企业专利资产特征的潜在市场垄断能力的变化。

此外，每个企业都不希望被别的企业垄断。被别的企业垄断，意味着自己将处于弱势谈判地位，会遭受损失。在经济世界里，一个企业与其他经济主体发生着各种交易。例如，企业生产需要原材料等投入要素，如果某种核心原材料被其他企业垄断，那么，该企业不得不支付更高的价格。典型例子是当电脑芯片被 Intel 独家垄断时，其他 PC 整机生产厂商只能获得平常利润。因此，对于风险投资者而言，还要关注风险企业的投入要素是否存在被其他企业垄断的风险。

（二）构建测量潜在市场垄断能力的专利预警指标体系及示例

基于上述观念，本节设计了三类专利预警指标。第一类指标衡量的是风险企业专利资产的权利独占程度，这是界定风险企业潜在垄断能力的关键因素。通常，专利资产的权利独占程度与核心专利个数、非核心专利的包围效果、文献相似度、权利要求个数、前引和后引个数、IPC 代码衡量的保护宽度等指标相关。这些指标均可以被比较客观地测量，例如，非核心专利的包围效果可以用包围每个核心专利的平均专利个数来测量。

第二类指标衡量实施专利资产的便利程度，这需要对专利文献中的技术说明书进行分析，估算需要获取哪些投入要素，并从要素市场的供给是否充裕和供给者竞争程度来判断获得投入要素的难易程度。如果风险企业在某个要素市场上只有一个供给者即被其他企业垄断，则意味着交易地位的恶化。具体而言，为了测量实施专利资产的便利程度，可以对各个投入要素的价格和要素供给市场排名靠前的几名供给者所占的市场份额等指标进行跟踪。此外，也可以对风险企业的需求进行类似分析，如果风险企业面临的需求者或采购方只有一个，那么，风险企业处在被买方垄断的不利地位。

第三类指标衡量风险企业专利资产在功效上给用户带来的便利或者效能取值，这同样需要借助技术说明书，估算专利资产给用户带来的安全、省时、低成本、环保等方面的功效。当风险企业的专利资产能够给消费者带来更大的功效上的改进或满足时，则意味着风险企业能够从消费者那里搜刮走更多的消费者剩余，赚取更多的垄断利润。为了测量专利资产给用户带来的功效上的便利程度，可以先取领先企业的同类专利在低能耗、省时、低成本、环保等功效上的值，再让所考察风险企业的实际值与领先企业的取值进行比较。

可见，上述专利预警指标体系的优点是可以被相对客观地测量。接下来，如何在风险投资中使用上述指标体系进行动态跟踪和管理？这里有两个使用原则。一是衡量专利权利独占程度的各项指标都取企业自身值与行业最大值的比值。原因是风险企业通常最担心也最渴望的是"胜者通吃"。如果自己能成为最后的胜者，那是最理想的；相反，如果别的企业成为通吃的赢家，自己一杯羹也分不到，那是最可悲的。将自己的值与行业最大值进行比较，有助于盯住最厉害的竞争者，充分体现了风险投资的忧患意识。二是将上述指标体系与初始值或前期值进行比较。在风险资本进入风险企业时，上述指标体系会取得一套初始值。在持续经营过程中，如果进行多次预警分析，则每次都会取得一套值。将本次预警值与上一次预警值进行比较，如果下跌幅度超过了一定程度如5%，则需引起注意，必要时采取一定的应对措施。相反，如果上升幅度比较大，则意味着优势增强，也可能需要采取更积极的措施，以便尽快地将潜在市场垄断优势转变为实际市场份额。

上述两项使用原则都体现了相对性。这也意味着风险企业专利预警指标的绝对取值并没有多大参考价值。对风险投资决策有参考价值的是与同类企业或自身前期的取值相比较而言的相对值。只有在与同类企业或与企业自身前期值的比较中，才能判断出目标企业的市场垄断力量是增强还是变弱了。

表8-7 专利预警指标体系示例

指标类别	具体指标	上期实际值（与行业最大值之比）	本期值（与行业最大值之比）	涨跌幅度
专利资产的权利独占程度	核心专利个数	5(70%)	7(80%)	14.29%
	包围每个核心专利的外围专利个数	4(100%)	4(95%)	-5%
	专利和非专利文献相似度的平均值	5%(60%)	6%(56%)	-6.67%
	权利要求个数	38(90%)	30(85%)	-5.56%
	前引平均数	8(100%)	8(92%)	-8%
	后引平均数	10(95%)	11(96%)	1.05%
	IPC代码衡量的保护宽度的平均值	3.5(100%)	3.3(100%)	0

指标类别	具体指标	上期实际值(与行业最大值之比)	本期值(与行业最大值之比)	涨跌幅度
专利实施的便利程度	A 投入要素价格	3500	3400	-2.85%
	A 投入要素供应市场前三名供给者所占市场份额	50%	53%	6%
	B 投入要素价格	1000	1050	5%
	B 投入要素供应市场前三名供给者所占市场份额	80%	81%	0.13%
	产品销售价格	8000	8050	0.63%
	购买量排前三的需求者占总销售市场份额	20%	23%	15%
专利技术在效能上给用户带来的便利	能耗优势	100%	90%	-10%
	便利优势	80%	82%	2.50%
	成本优势	90%	95%	5.60%
	环保优势	80%	80%	0

（三）示例

表 8-7 给出了某个风险企业专利预警指标的取值和波动幅度。在计算取值时，衡量专利资产的权利独占程度的指标既有绝对取值，又有与行业中该指标最大值的比值。后者列在括号中。需要指出的是，用于参照的最大值并不来自同一个参照企业。有的企业在某一些指标上强，有的在另一些指标上强。在计算相对值时，取最大的那个值，这是因为要与竞争对手的最强项进行比较；衡量专利实施的便利程度的指标时，则先取各期绝对值，然后用后一期值比前一期值，获得涨跌幅度值；衡量专利技术在效能上给用户带来的便利程度时，则需要具体设计。设计的原则是取值越大，越有优势。例如，风险企业专利实施的能耗为 77 个单位，为同类企业中最低的，于是优势为 100%。但是，在下一期评估时，某个同类企业开发出更节约能源的技术，例如能耗仅为 70 个单位。那么，目标企业多消耗 7 个单位。如果将"能耗优势"指标设计为 1 -（目标企业实际取值 - 最低能耗值）/最低能

耗值，那么，目标企业的能耗优势下降为90%。可对省时优势、成本优势和环保优势做类似计算。

如果取5%为波动警戒幅度，那么，该企业的核心专利个数、A投入要素供应市场前三名供给者所占市场份额、B投入要素价格、购买量排前三的需求者占总销售市场份额和成本优势这五个指标相对值的涨幅超过了5%；相对值跌幅超过5%的指标有包围每个核心专利的外围专利个数、专利和非专利文献相似度的平均值、权利要求个数、前引平均数和能耗优势；相对值波动小于5%的指标有后引平均数、IPC代码衡量的保护宽度的平均值、A投入要素价格、B投入要素供应市场前三名供给者所占市场份额、产品销售价格、节省时间优势、环保优势。这些信息对风险投资者有参考价值。风险投资者可以根据上述信息对风险企业提出以下三个方面的管理建议。

首先，针对衡量专利资产权利独占程度的指标变动情况给出管理建议。相对同行业领先企业而言，目标企业拥有的核心专利数目明显提升了。但是，围绕核心专利开展的专利布局却相对领先企业滞后了。专利和非专利文献相似度的平均值、权利要求个数和前引平均数这些指标与领先企业的差距也同样拉大。这意味着需要在研发上进一步参考更广泛的前人成果，并强调研发项目的独创性，以及要尽量多提出权利要求。

其次，针对衡量专利实施的便利程度的指标变动情况给出管理建议。A投入要素供应市场前三名供给者所占市场份额明显上升，但市场价格却没有上升甚至有所下降。这意味着市场竞争仍然很激烈，A要素的供给状况没有变差；B投入要素的价格虽然明显上升了，但主要供应者市场份额没有大变化，说明价格上升是由其他原因引起的，风险企业还没有被供应商加强垄断的风险；购买量排前三的需求者占总销售市场份额明显上升，但这并没有伴随企业产品销售价格明显下跌，影响并不严重。购买者的相对集中，反而意味着可以减少销售费用，获取销售上的规模经济。

最后，针对专利在效能上给用户带来的便利程度的变化给出管理建议。例如，目标企业在能耗上与领先企业差距越来越大，这意味着需要开发出降低能耗的新技术。此外，目标企业的成本优势增强了，这意味着有空间通过价格优势吸引消费者。

有时候，某个企业的专利预警指标会全面恶化。这时候，做局部的管理调整也不起作用了。此时，风险投资者可以做出退出该企业或更换核心人员的决定。例如特斯拉发明交流电技术后，摩根便解聘了主张直流电的爱迪生。

在实践中，人们喜欢将上述各项指标综合成单个指标，然后用该指标来进行预警。在本例中，也可以对各指标赋予权重，得到一个综合性的预警指标。将该指标与领先企业或上一期进行比较。但是，由于人为赋予的权重具有主观性，这一做法意义很有限。如果有必要，还不如让风险投资者根据自己心目中各类指标的权重做出决策。

五　研究展望

将专利信息有效地运用于风险投资决策，不仅还有很大的研究空间，而且具有很强的社会意义，期待后来者深入研究。

社会意义之一是，如果能够借助专利信息有效地将杰出风险投资者掌握的隐性知识解码成显性知识，将有利于推动我国风险投资行业的整体水平提升和规模扩张。长期以来，我国本土风险投资水平与国际先进水平有较大差距。如果能将海外风险投资机构所拥有的隐性知识转化为显性的、可模仿的知识，将有助于快速缩小我国本土风险投资行业与海外风险投资机构之间的差距。同时，将为我国的创新创业活动提供更有效的融资服务，为本土资金提供营利性更高的投资渠道，为中国经济发展源源不断地注入活力。然而，将成功风险投资者的隐性知识转化为显性代码，是一件说起来简单做起来难的事情。正如莫瑞茨坦所言，风险投资决策就像绘画一样，看起来简单，但实际上是一件很复杂的事。尽管一下子对所有的隐性知识进行全方位的解码是一件极度困难甚至不可能的事情，但不同领域的学者可以结合自己的优势专业，从不同角度对相关隐性知识进行解码。

随着更多的风险投资从业者掌握了从行业早期杰出开拓者那里提炼和总

结出来的隐性知识后，风险投资行业会经历大的规模扩张。这一过程，与历史上投资银行业曾经经历的过程类似。在投资银行业发展的早期，只有少数人掌握投资银行业务的诀窍，这些隐性知识只能通过师傅带徒弟或家族传承的方式被继承下来，但是随着投资银行业务的流程和原理被解码，特别是被写入教科书后，投资银行业迎来了一个大量高素质专业人才涌现并推动行业大发展的时期。利用专利信息对风险投资决策中的隐性知识解码，将起到推动风险投资行业发展的类似作用。

社会意义之二是可以提高专利信息与经济活动的深入融合。为了建设专利数据库这一公认的"技术宝藏"，我国政府投入了大量的人力财力，但对专利数据库的深度开发利用还不够，特别缺少的是对不同用户量身定做的专利信息分析服务。通过利用专利信息为风险投资决策服务，可以提高专利数据库的利用效率。服务于风险投资决策的专利信息分析方法具有一定的通用性，这意味着这些分析方法也适用于某些其他组织的决策。例如，一些试图通过收购、孵化和投资等多种手段来推动专利市场化的组织，其运作模式与风险投资有共通之处，有效的专利信息分析也会有助于这类组织的发展。

中文参考文献

埃里克·冯·希普尔：《创新的源泉——追循创新公司的足迹》，柳卸林、陈道斌等译，知识产权出版社，2005。

陈旭、冯岭、刘斌、彭智勇：《基于技术功效矩阵的专利聚类分析》，《小型微型计算机系统》2014年第3期。

陈颖、张晓林：《基于特征度和词汇模型的专利技术功效矩阵结构生成研究》，《现代图书情报技术》2012年第2期。

杜玉锋、季铎、姜利雪、张桂平：《基于SAO的专利结构化相似度计算方法》，《中文信息学报》2016年第1期。

胡小君、陈劲：《基于专利结构化数据的专利价值评估指标研究》，《科学学研究》2014年第3期。

刘博洋、韩冰：《基于专利的初创企业发展模式研究——以Quanergy公司为例》，《中国发明与专利》2016年第9期。

刘平、张静、戚昌文：《专利技术图制作方法实证分析》，《科研管理》2006年第11期。

邱洪华、金泳锋、余翔：《基于专利地图理论的中国银行业商业方法专利研究》，《管理学报》2008年第3期。

罗立国：《基于专利信息服务平台的专利地图研究》，华中科技大学硕士学位论文，2009。

潘雄锋、张维维、舒涛：《我国新能源领域专利地图的研究》，《中国科技论坛》2010年第4期。

理查德·拉兹盖蒂斯：《评估和交易以技术为基础的知识产权：原理、方法和工具》，中央财经大学资产评估研究所、中和资产评估有限公司译，电子工业出版社，2012。

张颖、黄卫来、周泉：《一种新的专利信息分析方法——基于 XMLSchema 的专利地图》，《情报杂志》2010 年第 9 期。

赵卫旭：《运用 Crystal Ball 的投资项目内部收益率多因素敏感性分析》，《财会月刊》2012 年第 8 期。

翟东升、陈晨、张杰、黄鲁成、阮平南：《专利信息的技术功效与应用图挖掘研究》，《现代图书情报技术》2012 年第 4 期。

翟东升、蔡力伟、张杰、冯秀珍：《基于专利数据仓库的技术功效图挖掘方法研究——以 3D 打印技术为例》，《现代图书情报技术》2015 年 8 月。

马天旗：《专利分析——方法、图表解读与情报挖掘》，知识产权出版社，2015。

李春燕：《基于专利信息分析的技术生命周期判断方法》，《现代情报》2012 年第 2 期。

李维思：《基于专利分析的产业竞争情报与技术生命周期研究》，《企业技术开发》2011 年第 11 期。

吴欣望、朱全涛：《专利效能地图的构建与应用》，《建材世界》2012 年第 4 期。

吴欣望、朱全涛：《专利经济学——基于创新市场理论的阐释》，知识产权出版社，2015。

武建龙、陶微微、王宏起：《基于专利地图的企业研发定位方法及实证研究》，《科学学研究》2009 年第 2 期。

张兆锋、桂婕、乔晓东：《专利引证分析工具的设计与实现》，《数字图书馆论坛》2010。

朱全涛、吴欣望：《在经济管理专业中开展专利相关教育的思考——一种在高校开展创新创业教育的有效方式》，《北方经贸》2014 年第 2 期。

孙兴：《基于二叉树模型的药品专利价值评估》，辽宁大学硕士学位论文，2014 年 5 月。

王丽：《利用主题自动标引生成技术功效矩阵》，《现代图书情报技术》2013 年第 5 期。

王珊珊、田金信：《基于专利地图的 R&D 联盟专利战略制定方法研究》，《科学学研究》2010 年第 6 期。

王虎：《专利价值分析实务与案例分析》，《2014 广东省专利价值分析培训班培训材料》2014 年 8 月。

张虎胆：《基于专利网络方法的技术竞争对手识别研究》，武汉大学博士学位论文，2013。

赵阳、文庭孝：《专利引证动机分析》，《情报理论与实践》2017 年第 7 期。

郑云凤：《我国典型企业专利管理地图分析——基于华为和中兴的面板数据》，《科学学与科学技术管理》2009 年第 7 期。

英文参考文献

Annamaria Conti, Jerry Thursby, Marie Thursby, "Patents as Signals for Startup Financing", *The Journal of Industrial Economics*, 2013.

Ashby H. B. Monk, "The Emerging Market for Intellectual Property: Drivers, Restrainers and Implications", 2009, http: // ssrn. com/abstract = 1092404.

Aswal, Amit, "Optimise Your Patent Portfolio", *Managing Intellectual Property*, 2009, No. 192.

Anthony J. Trippe, "Patinformatics: Tasks to tools", *World Patent Information* 25, No. 3 (September 2003).

Bernd fabry, Holger ernst, Jens langholz. et al., "Patent Portfolio Analysis as a Useful Tool for Identifying R&D and Business Opportunities: An Empirical Application in the Nutrition and Health Industry", *World Patent Information*, 2006.

Bergmann I., Butzke D., Walter L. et al. "Evaluating the Risk of Patent Infringement by Means of Semantic Patent Analysis: The Cast of DNA Chips", *R&D Management*, 2008, 38 (5).

Byung- Un Yoon, Chang-Byung, Yoon Yong-Tae Park, "On the development and application of a Self-organizing Feature Map-based Patent map", *R&D Management*, 2002, 32 (4).

Bomi Songa, Hyeonju Seolb, Yongtae Park, "A Patent Portfolio-based Approach for Assessing Potential R&D Partners: An Ppplication of the Shapley value", *Technological Forecasting and Social Change*, 2016, Vol. 103.

Calmfors, L. 1996, Nationalekonomernas roll under det senate decenniet-vilka ar lardomarna? In Jonung, L (ed), Ekonomema i debatten-gor de nagon nytta? Ekerlids forlag, Stockholm.

Carolin Haeussler, "How Patenting Informs VC Investors: The Case of Biotechnology", *Research Policy*, 2014.

C. Okade, B. Maccarthy, A. Trautrims, "Building an Innovation-based Supplier Portfolio: The Use of Patent Analysis in Strategic Supplier Selection in the Automotive Sector", *International Journal of Production Economics*, 2017.

Cheng T. Y. , "A New Method of Creating Technology/Function Matrix for Systematic Innovation without Expert", *Journal of Technolofy Management & Innovation*.

Christine Macleod & Alessandro Nuvolari, Inventive Activities, Patents and Early Industrialization: A Sythesis of Research Issues, 2006, January, DRUID Working Paper No. 06 – 28.

Dan McGavock, David Haas & Michael Patin, *Factors Affecting Royalty Rates*, Les Nouvelles, June 1992, Published by the Licensing Executives Society International (LESI).

Dan Johansson, Economics without Entrepreneurship r Institutions: A Vocabulary Analysis of Graduate Textbooks, Econ Journal Watch, Volume 1, Number 3, December, 2004.

Delphion. Delphion Citation Link, http: //www. delphion. com/products/research/products-citelink, 2010 – 10 – 29.

David S. Abrams, Ufuk Akcigit, "Understanding the Link between Patent Value and Citations: Creative Destruction or Defensive Disruption?" 2013, http: //www. kentlaw. iit. edu/Documents/Academic% 20Programs/Intellectual% 20Property/PatCon3/abrams. pdf.

D. Zhu, J. Lu, G. Zhang, AL Porter, L. Huang, L. Shang, Y. Zhang, "A

Hybrid Similarity Measure Method for Patent Portfolio Analysis", *Journal of Informetrics*, 2016, 10 (4).

Denicolò, Vincenzo, Zanchettin, Piercarlo, "A Dynamic Model of Patent Portfolio Races", *Economics Letters*, 2012, Vol. 117, No. 3.

D. Harhoff, F. Narin, FM Scherer, K. Vopel, "Citation Frequency and the Value of Patented Inventions", *Review of Economics and Statistics*, 1999.

E. Sapsalis, B. von Pottelsberghe de la Potterie, R. Novon, "Academic Versus Industry Patenting: An In-depth Analysis of What Determines Patent Value", *Research Policy*, 2006.

Ernst, Holger, Fischer, Martin, "Integrating the R& D and Patent Functions: Implications for New Product Performance", *Journal of Product Innovation Management*, Dec. 2014 Supplement, Vol. 31.

Gallini, N. T., "Deterrence Through Market Sharing: A Strategic Incentive for Licensing", *American Economic Review* 1984, 74.

Gerken J., Moehrle M., Walter L., "Patents as an Information Source for Product Forecasting: Insight from a Longitudinal Study in the Automotive Industry" [C], Proceedings of the R & D Management Conference 2010. Manchester: Managing Science and Technology, 2010.

Goldscheider, Robert, Jarosz, John & Mullhern, Carla, "Use of the 25 Percent Rule in Valuing IP", les Nouvelles, December 2002.

Haibo zhou et al., Patents, Trademarks and Their Complementarity in Venture Capital Funding, *Technovation*, 2016.

Honeyman, Jason M., Vittengl, Shannon M., "Diversify Patent Portfolios with Design Patents", *Intellectual Property and Technology Law Journal*, 2009, Vol. 21, No. 12.

Holger Ernst, "Patent Portfolios for Strategic R&D Planning", *Journal of Engineering and Technology Management*, 1998.

"International Good Practice: Guidance on Project Appraisal Using

Discounted Cash Flow", International Federation of Accountants, June 2008, ISBN978 - 1 - 934779 - 39 - 2.

Jun S., Park S. S., Jang D. S., "Technology Forecasting Using Matrix Map and Patent Clustering", Industrial Management & Data Systems, 2012, 112 (5).

Jong Hwan Suh & Sang-Chan Park, Service-oriented Technology Roadmap: Using Patent Map for R&D Strategy of Service Industry, Expert Systems with Applications, 2009, 36 (3).

Katz, M., Shapiro, C., "On the licensing of innovations", *RAND Journal of Economics*, 1985.

Shepard, A., "Licensing to Enhance Demand for New Technology", *RAND Journal of Economics*, 1987.

KC. Chang, DZ. Chen, MH. Huang, "The Relationships Between the Patent Performance and Corporation Performance", *Journal of Informetrics*, 2012.

Knight FH, Risk, Uncertainty and Profit, University of Chicago Press.

Lindbeck, A. 2001, Economics in Europe, CESifo Forum 2 (1).

Michele Fattori, Giorgio Pedrazzi, Roberta Turra. "Text Mining Applied to Patent Mapping", *World Patent Information*, 2003.

Miyake, M., Mune, Y. and Himeno, K., "Strategic Intellectual Property Portfolio Management: Technology Appraisal by Using the Technology Heat Map", Nomura Research Institute (NRI) Papers, No. 83, (December 2004).

M. K. Jeong, Y. Moon, P. L. Sang, H. J. Lee, B. Lee, D. Kim, "A Graph Kernel Approach for Detecting Core Patents and Patent Groups", IEEE Intelligent Systems, 2014, 29 (4).

Malathi Nayak, "Large Patent Holders Eye Startup Equity in Return for Patent Sale", *Intellectual Property on Bloomberg Law*, August 2, 2017.

M. Miyake, Y. Mune, K. Himeno, Strategic Intellectual Property Portfolio Management: Technology Appraisal by Using the "Technology Heat Map", -

NRI Papers, Nomura Research Institute, 2004.

P. Lin, "Fixed-fee Licensing of Innovations and Collusion", *The Journal of Industrial Economics*, 1996.

Arora & Fosfuri, "Licensing the Market for Technology", *Journal of Economic Behavior & Organization*, 2003.

Rosenbaum, Joshua, Joshua Pearl, *Investment Banking: Valuation, Leveraged Buyouts, and Mergers & Acquisitions*. Hoboken, NJ: John Wiley & Sons. (2009).

Seol H., Lee S., Kim C., "Identifying New Business Areas Using Patent Information: A DEA and Text Mining Approach", Expert Systems with Application, 2011, 38 (4).

S. Zhang, CC. Yuan, KC. Chang, Y. Ken, "Exploring the Nonlinear Effects of Patent H Index, Patent Citations, and Essential Technological Strength on Corporate Performance by Using Artificial Neural Network", *Journal of Informetrics*, 2012.

Simona Fabrizi, Steffen Lippert, Pehr-Johan Norbck & Lars Persson, "Venture Capitalists and the Patenting of Innovations", *The Journal of Industrial Economics*, 2013.

Sebastian Hoenen, et al., "The Diminishing Signaling Value of Patents Between Early Rounds of Venture Capital Financing", *Research Policy*, 2014.

Stephen Degnan and Corwin Horton, *A Survey of Licensed Royalties*, Les Nouvelles, June 1997, Published by the Licensing Executives Society International (LESI).

Sungjoo Lee, Byungun Yoon, Changyong Lee, Jinwoo Park, "Business Planning Based on Technological Capabilities: Patent analysis for Technology-driven Road-mapping", *Technological Forecasting and Social Change*, Volume 76, Issue 6, July 2009.

Tom Arnold, Factors in Pricing License, Les Nouvelles, March 1987, pp. 19 – 22. Adapted from a paper presented at a workshop at Les U. S. A. /

Canada Annual Meeting, Los Angeles, CA, October 1986.

VanderPal, G. "Impact of R&D Expenses and Corporate Financial Performance", *Journal of Accounting and Finance*, (2015), 15.

Van Rooij, Arjan. , "Claim and Control: The Functions of Patents in the Example of Berkel: 1898 – 1948", *Business History*, Dec. 2012, Vol. 54, Issue 7.

William J. Murphy, John L. Orcutt, Paul C. Remus, *Patent Valuation: Improving Decision Making Through Analysis*, John Wiley&Sons, Inc. , 2012.

Wisdomain. "Wisdomain Citation Alert Analysis", http://www.wisdomain. com/Citation-AA. htm.

Wisdomain. "Full Citation Tree Information", http://www. wisdomain. com/FulltreeCI. htm.

William Lee Jr. , *Determing Reasonable Royalty*, Les Nouvelles, September 1992.

Xian Zhang, Haiyun Xu, Shu Fang, Zhengyin Hu, Shuying Li, "Building Potential Patent Portfolios: An Integrated Approach Based on Topic Identification and Correlation Analysis", The 4th Global TechMining Conference, Netherlands, 2014.

YS. Chen, KC. Chang, "Using the Entropy-based Patent Measure to Explore the Influences of Related and Unrelated Technological Diversification Upon Technological Competences and Firm", *Scientometrics*, 2012.

Young jin Park, Janghyeok Yoon, "Application Technology Opportunity Discovery from Technology Portfolios: Use of Patent Classification and Collaborative Filtering", *Technological Forecasting and Social Change*, 2017, Vol. 118.

Yang Qin, Minutolo, Marcel C. , "The Strategic Approaches for a New Typology of Firm Patent Portfolios", *International Journal of Innovation and Technology Management*, 2016, Vol. 13, No. 2.

后 记

这些年，专利信息分析受到重视，涌现出不少介绍或探讨如何进行专利信息分析的著述。可能由于笔者学习经济学出身的原因吧，总觉得关于专利信息分析的现有著述中经济元素的成分过少。经济元素的缺失势必会限制专利信息分析的广泛应用。因此，笔者产生了把专利的语言翻译成市场的语言供投资者和管理者决策的想法。本书是对该想法的一个初步尝试。

本书考察和初步设计了对反映专利技术效能的信息进行分析的方法，并讨论了这些方法在研发管理、技术交易、技术投融资等具体领域中的运用。相信这些内容会吸引广泛的读者群体。近几年来，越来越多的专利中介机构、关注新技术的投融资机构乃至企业开始招募专利运营管理方面的人员。而专利信息分析是进行有效的运营管理决策时所必须具备的基本功夫。否则，就是瞎运营和瞎管理。正因为如此，笔者相信本书会受到那些真正致力于专利事业的同行的关注。同时也抱着抛砖引玉的态度，希望得到读者的反馈和指正。

这一研究得到了 2013 年度教育部人文社会科学青年基金的资助，本书是该项目的结题成果。感谢匿名评审人对"专利效能"这个词的认同，并同意给予资助。这本书也是笔者研究创新市场的延续。创新市场是有商业价值的新技术、新构思实现价值的场所。在现代社会，对专利情报进行经济分析是连接发明家和企业家（或投资家）的不可或缺的桥梁。如果创新市场中的各类参与方，能够更加便捷地从专利文献中获得有助于判断市场环境的有效信息，将便于他们做出更理性的决策，最终提高创新市场的运行效率。

在我的写作生涯中，这本书算是一个转折点。我以前写的书要么从宏观角度出发进行研究，要么偏向理论分析。前者如《创新市场与国家兴衰》，后者如《专利经济学——基于创新市场的理论阐释》。而且，不管是宏观研究，还是理论分析，都是政策导向的。例如，前者的政策主张是政府应该同构建设更具竞争的新技术、新构思的市场来释放长期经济增长的潜力；后者则认为，历史上有成效的专利制度调整或政策实施无不起到了增强创新市场的竞争性或提高创新市场效率的效果，因此，当今和未来的专利政策取向也应该如此。

但是，这次写的书的风格截然不同了。读者可以清楚地看到，本书不是政策导向而是企业导向，不是宏观研究而是微观研究，不是理论导向而是实务导向。尽管本书中也有一些理论分析，但并不构成整本书的主体部分。本书之所以集中关注具体的、微观的实际决策问题，是希望所做研究多少有一些可付诸实践的价值或用途。书中对一些商业机构的经营模式进行了经济学剖析，尽管这有助于更多的经营机构从中学习和借鉴，但也可能会给那些最早开拓出新型经营模式的机构带来竞争和不利影响。考虑到先进专利经营知识的扩散有助于整个社会的进步，笔者还是决定将这部分内容出版。毕竟，经济学者、管理学者的一个社会使命就是去分析、提炼和传播先进的知识和经验。在此，谨对做出开拓性贡献的机构表示敬意。

应该意识到，专利文献中所包含的体现专利技术的效能的信息，是有较大的潜在价值的，仅靠个人力量难以充分挖掘。对效能信息的挖掘和利用，应该集多方面智慧共同推进。如果有机会，笔者愿意和相关实务部门携手，共同探索这一领域的问题，为建设富有活力的知识产权市场体系而努力。并不是所有的经济研究都要为政府决策服务，本书尝试为企业等微观经济主体构建更有效利用专利情报的方法，同样是致力于解决社会需要的现实问题。像笔者这样在中国经济社会转型期成长起来的本土学人就如同特殊环境中生长的植物一样，要具有耐旱、耐涝、耐高温、耐严寒和耐霜冻等特质，才得以存活和发展。感谢本书的合作者朱全涛，他不仅直接承担了本书部分内容的写作，而且长期和笔者共同探讨这一领域的各类问题，让治学不乏味。

本文提出并论证的一些专利效能分析思路，虽然给出了计算方法和案例演示，但是，由于本项目得到的经费资助有限，不可能直接去雇人开发出应用软件。毕竟，学术研究的社会定位是为公众提供思路和观点。至于具体的事情，是留给那些面向市场的软件开发商或数据供应商来做的。

感谢广东省知识产权发展与研究中心对本书早期研究的资助。2011 年，出于经济学专业的直觉，我认为有必要从效能角度入手来进行专利分析，并尝试设计分析工具。这一想法有幸得到了该单位的资助。此后，我对实务性议题有了更多兴趣，这促成了本书的问世。写作的过程是一个不断对最初的想法进行自我质疑和自我批评的过程。笔者曾经提出一些问题来劝自己放弃写作。例如，这个议题别人是否已经研究过？如果研究过了，还有挖掘到新的创新点的途径？如果按照新的思路写作，是否可行？等等。最终，笔者还是说服了自己，有必要继续写下去。这一过程的反复曲折应该是那些致力于从事科研的同行都能够体验到的，不管这些同行是从事自然科学研究还是从事社会科学研究。此外，本书中专利运营的部分内容受到了广东省知识产权局软科学课题资助，本书还被列入广东工业大学高水平大学建设出版资助计划，对此深表感谢。

虽然评价专利的效能主要是产业界和投资界所关注的议题，但是，在对政府资金支持的应用性科研成果进行评价时，如果能够从市场认知的角度来研判科研成果具有的效能，则有助于解决技术和市场的脱节问题，使公共资金流向更具有积极经济效益的研发领域。因此，希望本书也能对科技管理部门提供一些参考。

治学其实是一种社交方式，写作让笔者逐渐拥有了一批善良好学的友人。感谢在承担条法司课题期间贺化先生给予的指导。感谢国家知识产权局宋建华、毛金生、韩秀成、张志成、姜丹明、张永华、马秀山、邓仪友、李琳、黄清明等诸位领导和同行给予的指导和帮助。感谢广东知识产权局马宪民局长和徐宇发先生的多次指导。感谢谢红、魏庆华、陈宇萍、阳屹琴等领导和同行的关心和帮助。

从 2001 年跟随辜胜阻教授从事专利经济学研究至今，已经有十余年了。

回顾这些年的研究经历，收获之一是让笔者在自己研究生涯的起步阶段就直接切入了经济发展的核心——创新这一议题上。幸运的是，不管是在光华管理学院跟随厉以宁教授从事博士后研究，还是后来赴伦敦在孙来祥教授的指导下进行访学，这一领域的研究依然能够得以持续。感谢李九兰老师多年来的关心和鼓励。感谢在武汉大学读书期间文建东和郭熙保等教授的帮助和教诲。感谢席丹师兄对我从事专利信息领域研究的鼓励和帮助。

吴欣望

2017 年 8 月于广州天河

图书在版编目（CIP）数据

用数字测量市场对专利的认知：原理、图表和实际
应用/吴欣望，朱全涛著. -- 北京：社会科学文献出
版社，2018.4
　ISBN 978 - 7 - 5201 - 2471 - 3

　Ⅰ.①用… 　Ⅱ.①吴… ②朱… 　Ⅲ.①专利 - 经济效
益 - 分析 - 研究 　Ⅳ.①G306.0

　中国版本图书馆 CIP 数据核字（2018）第 052621 号

用数字测量市场对专利的认知
——原理、图表和实际应用

著　　者／吴欣望　朱全涛

出 版 人／谢寿光
项目统筹／任文武
责任编辑／周雪林

出　　版／社会科学文献出版社·区域发展出版中心（010）59367143
　　　　　　地址：北京市北三环中路甲 29 号院华龙大厦　邮编：100029
　　　　　　网址：www.ssap.com.cn
发　　行／市场营销中心（010）59367081　59367018
印　　装／三河市龙林印务有限公司

规　　格／开　本：787mm × 1092mm　1/16
　　　　　　印　张：14.5　字　数：220 千字
版　　次／2018 年 4 月第 1 版　2018 年 4 月第 1 次印刷
书　　号／ISBN 978 - 7 - 5201 - 2471 - 3
定　　价／68.00 元

本书如有印装质量问题，请与读者服务中心（010 - 59367028）联系